北京服装学院吴可欣作品   北京服装学院孙佳丽作品

北京服装学院刘学作品

北京服装学院高铃依作品

北京服装学院孙嘉悦作品

北京服装学院张力月作品

古代服装 1   古代服装 2

西服

纺织服装高等教育"十三五"部委级规划教材

服装三维数字化应用

郭瑞良　姜延　马凯　编著

东华大学 出版社

·上海·

图书在版编目（CIP）数据

服装三维数字化应用 / 郭瑞良，姜延，马凯编著．
—上海：东华大学出版社，2020.1
ISBN 978-7-5669-1628-0

Ⅰ.①服… Ⅱ.①郭… ②姜… ③马… Ⅲ.①服装设
计—计算机辅助设计 Ⅳ.①TS941.26

中国版本图书馆CIP数据核字(2019)第253487号

责任编辑　冀宏丽
　　　　　吴川灵
封面设计　Callen

服装三维数字化应用

郭瑞良　姜延　马凯　编著

东华大学出版社出版

（上海延安西路1882号　邮政编码：200051）

新华书店上海发行所发行　上海龙腾印务有限公司印刷

开本：889 mm×1194 mm　1/16　印张：12　字数：416千字

2020年1月第1版　2022年8月第3次印刷

ISBN 978-7-5669-1628-0

定　价：49.80元

目　录

第一章　概述

第一节　三维服装数字化技术介绍

进入21世纪，纺织服装行业发生了很大变化。对于服装企业来讲，品牌竞争更加激烈，淘汰率更高。企业要想在激烈的市场竞争中站稳脚跟，除了重视品牌塑造等传统手段外，还需要提升企业的产品设计和研发能力。产品设计需做到快速、多变，以适应消费者需求。另一方面，随着时尚资讯和服装专业知识越来越易于获取，消费者对服装款式、服装合体性和舒适性的要求也越来越高。在这种新的形势下，服装产品的设计和研发在整个企业运营中扮演着更加重要的角色。如何提高产品设计和研发的效率，如何使产品更加符合消费者的体型，如何节省产品研发的成本，这些都是服装企业最关心的问题。服装数字化技术恰恰为服装企业解决这些问题提供了技术支持，将服装数字化技术有效地融入产品研发中，服装企业将在市场竞争中占领高地。

一、服装数字化的概念

数字化技术是计算机技术的基础。将文字、图像、语音及虚拟现实等可视世界的各种信息存储到计算机中，并能通过网络或其他方式传播的技术，统称为数字化技术。目前，数字化技术已经应用于社会经济和生活的方方面面，有人把目前的社会称为信息社会，而信息社会的经济称为数字经济，这足以体现数字化技术的重要性。

与其他行业相比，服装行业的数字化程度较低，一直摆脱不了劳动密集型的特点。但近十年来，数字化技术在服装行业的应用得到了较快速的发展，并呈现出两个特点：一是不同品类的服装企业在应用数字化技术时出现了差别，如运动类服装企业在应用数字化技术方面（特别是三维服装数字化）走在其他品类公司的前面，其中以Adidas、Nike为服装数字化技术应用的典范，这与运动类服装的三维技术应用相对容易有一定关系；二是服装数字化技术影响了服装的整个产业链。开始于20世纪70年代的服装数字化技术的主要目标是提高服装生产效率，应用范围包括服装样板设计、服装推板和排料等模块，目前的服装数字化技术已经扩展到服装销售方面，如三维服装数字化软件制作的虚拟服装可以用于电子商务平台的销售。

我们可以简单地将服装数字化技术分为二维服装数字化技术和三维服装数字化技术。二维数字化技术主要包括传统的服装CAD（Computer Aided Design）。计算机辅助设计技术中的服装样板设计、推板和排料（图1-1），以及产品生命周期管理等。

三维服装数字化技术是指在三维平台上实现人体测量、人体建模、服装设计、裁剪缝合及服装虚拟展示等方面的技术。其目的在于不需要制作实际的服装，由三维数字化完成人体着装效果的模拟，同时能得到服装平面纸样的准确信息。

二、三维数字化技术的组成

1.三维数字化人体模型

三维数字化人体模型是三维服装数字化技术的基础，有了数字化人体模型后，才可以在上面实现设计、试衣等其他虚拟化工作。一般有三种方法可以建立数字化人体模型：（1）三维重建。即通过三维人体扫描技术，获得人体点云数据，然后重建为精细的人体模型，一般扫描时，人体腋下、脚部等扫描不到的地方会存在缺陷与空洞，需要做一定的后处理工作。（2）软件创建。借助于现有三维建模软件如Poser、Maya和3DMax等，交互构建虚拟人体模型。这种方法需要相当的专业知识，制作时间较长，且

1

建模结果与实际人体有一定的差距，一般比较难用于虚拟试衣，但可以用于对人体尺寸要求不严格的领域。（3）基于样本的建立。通过插值或变形样本人体模型，得到符合个性特征的人体模型。该方法根据人体的恒定结构特征和外形特性，可直接由人体的关键特征信息，得到三维人台模型并可实现参数化。图1-2为使用TC2三维无接触扫描仪扫描，然后经过简单处理得到的三维人体模型。

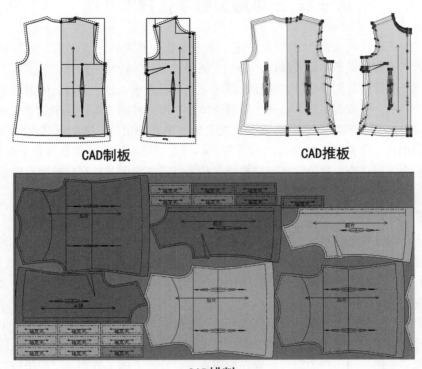

图1-1 二维服装数字化技术

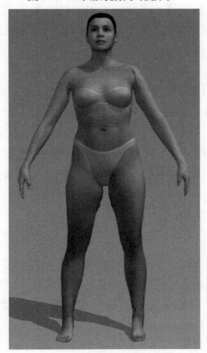

图1-2 三维人体

2.三维数字化设计

在三维数字化人体上，设计师可以直接设计服装款式，并可以对其进行修改，最后直接生成二维纸样。三维数字化设计的实现是非常困难的，目前的技术只是能够实现简单款式的设计或对已有设计进行简单修改。但三维技术的真实空间感和二维纸样的实时转换已能够对设计师提供很大的帮助，如在三维款式上画出的设计线可以通过旋转看到接近真实的效果，以帮助设计师判断设计线的位置和长度等是否合适。图1-3为使用日本DFL公司的Look Stailor X系统设计的简单款式及生成的二维纸样。

有的三维数字化设计软件可以在已有的三维服装上，快速进行图案、面料、辅料、色彩和分割线等的修改和变化，从而达到快速进行三维设计和款式创作的目的，如CLO3D、Lotta等软件。

3.三维数字化缝制

三维数字化缝制技术可以将二维服装纸样呈三维状态缝合，展示出实际缝合后的服装虚拟效果，以帮助设计师和样板师对设计的服装进行评价。三维数字化缝制技术可以读取二维服装CAD软件制作的样板，实现二维样板的修改和三维效果的实时展示。这种技术是目前三维服装CAD系统中的主要模块，也是服装企业应用最广泛的三维数字化技术。图1-4为CLO3D系统导入的二维样板及缝制后的三维展示效果。

4.三维数字化T台秀

通过三维虚拟模特的T台走秀，实现三维虚拟服装的动态展示。三维数字化T台秀的实现需要复杂的计算机技术，包括虚拟模特的行走、多层服装及服装与人体之间的碰撞检测等。图1-5为3D Show Player制作的T台秀效果图，图中作品为北京服装学院学生姚瑶于2016年参加3D服装设计大赛的金奖作品。

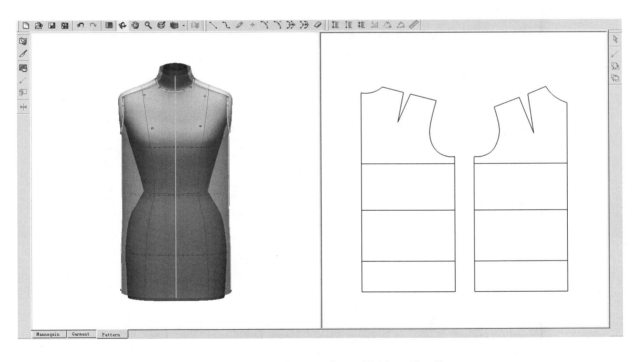

图1-3 Look Stailor X系统三维款式与二维纸样

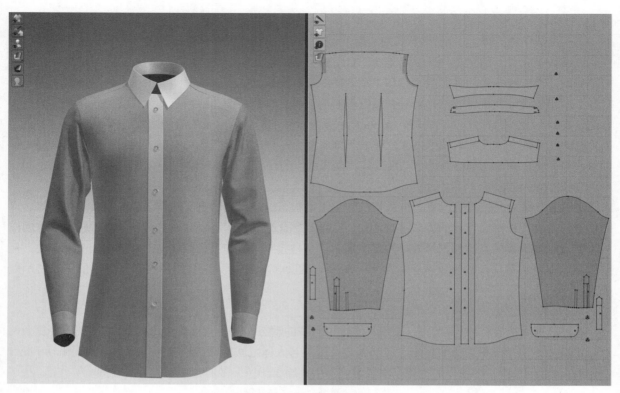

图1-4 CLO3D系统展示的三维效果

图1-5 3D Show Player制作的T台秀效果图

第二节　三维服装数字化技术的发展

当二维服装CAD软件的功能趋于完善时，与产品研发和销售紧密结合的三维虚拟设计CAD软件的开发和应用成为服装行业的热点。三维CAD系统是推进服装公司与面料商、缝制工厂、零售商之间建立伙伴关系的必要技术装备，它能使服装策划、设计、试制、生产、销售互相沟通，从而使建立服装业快速反应生产机制成为可能。

研制开发三维服装CAD难度相当高，许多关键技术如三维人体测量技术、三维服装覆盖技术、三维服装动态显示技术、三维服装展开为二维服装衣片技术、虚拟三维样衣的制作等均需要很大的研制和开发投入。最早推出3D虚拟设计系统的是美国的CDI（Computer Design Incorporation）公司，其于20世纪80年代率先推出Concept 3D服装设计系统。据文献介绍，Concept 3D具备了建立三维动态人体模型、直观地表现服装多个侧面的立体效果、产生布料悬垂立体效果、在屏幕上逼真地显示穿着效果的三维彩色图像及将立体设计图近似地展开为平面衣片图等功能。但由于该系统的实用性不强，无法适合服装企业的实际应用，没有被广大服装企业接受。

经过多年的发展，很多公司加入了研发三维服装数字化技术的行列。加拿大派特（PAD）系统中，三维立体试衣模块可将二维平面纸样转化为三维立体服装，可瞬间预知样板缝制后的效果，逼真地展现成衣的立体造型。其中三维人体模型的性别、年龄、尺寸可自由设定，从而实现量身定做，也可仿真各种面料、背景、灯光、颜色的调节，使得立体效果更加逼真。CLO3D、V-Stitcher、Optitex和力克的三维软件同样都能实现三维数字化缝制功能，其中部分软件能够实现简单的三维数字化设计功能，另外，有的软件还能实现三维数字化T台秀功能。

近年来，随着三维数字化技术在企业的逐步应用，服装企业和系统供应商越来越多地意识到了三维数字化技术不仅仅是软件的应用，而应该是软硬件结合，从二维到三维的一体化应用。目前，很多三维数字化系统供应商提出了服装企业应用的一体化解决方案。

第三节　三维服装数字化技术的应用

三维服装数字化技术在服装企业中的应用主要有三个方面：人体测量、服装号型修订、产品虚拟展示和服装定制。

一、人体测量及服装号型修订

人体测量学发展至今，测量工具由最初的皮尺、卷尺发展为计算机、传感器以及激光等高精度测量工具。目前，人体测量主要有三种方法：手工测量、二维图片测量和三维无接触测量。手工测量，由经过培训的专业测量人员使用皮尺、人体测高仪等工具对被测人体进行测量；二维图片测量则是由摄像机对被测人体的正面、侧面和背面进行拍照，然后由计算机进行数据提取；三维无接触测量是使用三维人体扫描测量系统对被测人体进行测量，可以提取人体几百个数据。三种测量方法各有优缺点，二维图片测量和三维测量的速度快，但前者测量精度不高，后者有较高的测量精度，但测量成本较高，且绝大数仪器需要被测量者穿着内衣或紧身衣。手工测量虽然速度慢，但方法简单、直观，使用工具简单，还可以有意识地避免一些由于人体动作引起的误差。另外，手工测量的成本较低。目前，手工测量仍然是服装企业测量人体的主要方式。但随着三维人体测量设备价格的降低及技术的完善，很多企业，特别是批量定制类企业开始使用三维无接触测量技术。

三维人体测量是三维服装数字化的基础之一。尽管三维扫描仪在企业中的应用并不多，但其在高校及其他科研单位却应用较多，主要用于科学研究。同时，三维扫描仪在各国的军队人体测量中，也发挥着很大的作用，包括我们国家在内的很多国家里，军队人体测量及军队服装号型的编制都借助了三维人体扫描仪。目前，世界上有多家生产三维人体扫描仪的厂家，比较有名的有美国的TC2、日本的SPACE VISION、法国的TELMAT和德国的VITRONIC等。这些企业在提供扫描仪硬件的同时，也会提供相应的软件，用于提取人体尺寸、皮肤颜色等。

三维人体扫描仪发展至今，大约有20年的历史。从最初的体积庞大、价格昂贵，到现在的体积较小（能够安装到试衣间里）、价格最低至1万美元。从使用的方便程度和价格来讲，三维人体扫描仪已经具备走进大中型服装企业的条件。图1-6为法国TELMAT公司的SYMCAD三维人体扫描仪。

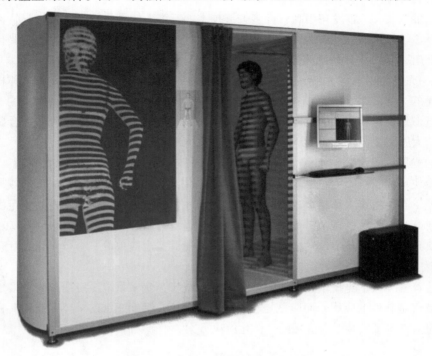

图1-6 SYMCAD三维人体扫描仪

二、产品虚拟展示

产品虚拟展示主要指利用三维虚拟软件，将服装、鞋子等产品制作成三维虚拟模型，经过渲染后进行展示。展示一般分为静态展示和动态展示，静态展示可以用于产品宣传册和网络销售平台，动态展示可以做成虚拟发布会的形式，展示效果更加直观。目前，制作三维虚拟服装的软件有CLO3D、V-Stitcher、Optitex和力克等。本书后续的章节主要介绍CLO3D系统。

产品虚拟展示可以用于订货会，这在体育用品类公司已经率先得到应用，Adidas和Nike公司的产品订货会已经部分地使用了虚拟产品，经销商可以通过大屏幕，甚至IPAD，直接看到公司下一季产品的款式和面料，非常方便。同时，公司还节省了大量的场地费用和实际服装的开发费用。

用于产品开发的虚拟样衣展示也属于产品虚拟展示的范围，虚拟样衣的展示可以在一定程度上辅助检查样衣合体性和尺寸。另外，虚拟样衣具有二维样板所不具备的三维空间感和360°旋转功能，可以非常方便地展示印花和图案拼接等效果，同时还可以检查图案位置和大小等效果，因此，虚拟样衣可以很好地辅助服装的产品开发。虚拟样衣展示的最终目标是让用户通过该技术模拟样衣的制作过程，缩短新款服装的设计时间。

三维虚拟软件可以将服装制作得很精细，面料悬垂性模拟得很好，但在渲染方面仍然无法达到专业渲染软件的水平。因此，很多三维虚拟软件在制作好服装后，为了达到完美逼真的模拟效果，往往需要将服装文件导入到专业的渲染软件中进行渲染，然后输出最终效果。CLO3D系统制作的三维服装可以直接使用Octane渲染软件进行渲染，然后输出质量更高、更逼真的图片。

三、服装定制

1.量体定制

这里的量体定制主要指传统的西服等服装定制类企业的定制方式。三维数字化技术在服装定制类企业已有初步应用，如红都使用了美国的TC2三维测量技术。一般的量体定制流程包括了人体测量、板型修改、样衣试穿和服装制作等过程。三维数字化技术可以应用于这些流程，从而大大提高服装定制的精度和效率。如三维人体测量技术可以用于人体测量和三维虚拟人体的建立，三维数字化缝制技术可以用于服装板型修改和样衣的虚拟试穿。

三维数字化技术用于量体定制有广阔的前景，但目前也有其局限性，主要体现在三维测量时，有时需要被测量者只穿着内衣或更换紧身内衣，被测量者可能不太接受。

2.款式定制

主要是指新型的、应用于网络的、顾客可以进行局部设计的服装定制。这类应用一般是将三维数字化服装应用于互联网，顾客可以通过企业网站，按照自己的偏好进行款式、颜色等的选择，以实现定制。这种模式被称为批量定制，不同于针对个人体型尺寸的量体定制，批量定制只是设置了比较多的号型，使得顾客在选择号型时有更大的余地。图1-7为Adidas在其官方网站上推出的定制服务，顾客可以选择自己喜欢的颜色，如将袖子的颜色改为黄色，还可以在衣服上加上自己的名字。选择完毕后，顾客可以多角度地观看定制的服装的效果，如图1-8所示。

图1-7 Adidas的定制服务

图1-8 背面效果

第二章　CLO 系统简介

CLO系统有两个版本，分别是Marvelous Designer和CLO3D。前者主要应用于动漫、游戏及影视领域，致力于更高效的创建动画人物穿着的逼真效果的三维虚拟服装。Marvelous Designer的客户很多，包括著名的Electronic Arts公司（简称EA）、梦工厂（DreamWorks Studios）、华特迪士尼公司（The Walt Disney Company，中文简称"迪士尼"）等。CLO3D主要用于服装领域，世界上很多著名的高校和公司都在使用。

经过多年的发展，CLO3D越来越成熟，目前最新的版本为5.0。本书的工具和例子是以CLO3D（CLO Network Online Auth）4.0版本的软件为支撑平台的。

第一节　CLO系统的界面与菜单介绍

CLO3D系统集成了二维纸样绘制和修改功能及三维虚拟试衣功能，使纸样的绘制与试衣功能在一个界面下就可完成。但是，该系统的纸样绘制和修改功能不如传统的服装CAD制板软件强大，建议复杂的款式应该用服装CAD制板软件制作，然后导入CLO系统进行三维缝合和虚拟试衣。

一、CLO系统的界面

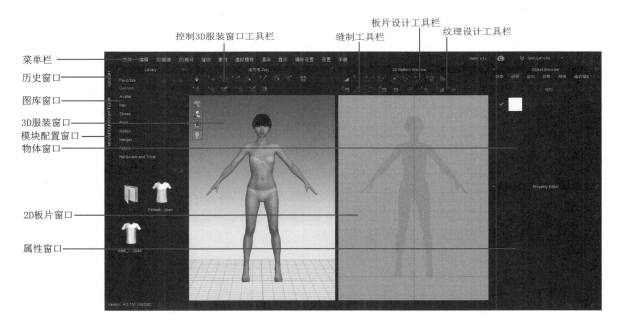

图2-1 CLO3D 4.0 系统界面

图2-1为CLO3D 4.0系统的界面。最上边是菜单栏，菜单栏下方从左到右依次为：选择服装、虚拟模特、鞋子、发型、姿势、衣架、垫肩等的图库窗口（Library），3D服装历史操作的历史记录窗口（History），模块选择匹配的模块配置窗口（Modular Configurator），虚拟模特试穿服装的3D服装窗口，纸样修改和制作的2D板片窗口，3D服装窗口和2D板片窗口中物体的物体窗口，及设定纸样或服装属性的属性窗口。在3D服装窗口和2D板片窗口的上方是工具栏。

1. 菜单栏

该区是放置菜单命令的地方，包括【文件】、【编辑】、【3D服装】、【2D板片】、【缝纫】、【素材】、【虚拟模特】、【渲染】、【显示】、【偏好设置】、【设置】和【手册】12个菜单，单击某个菜单时，会弹出一个下拉式列表，显示里面包括这类功能的详细命令。

2. 3D服装窗口工具栏

用于放置控制3D服装窗口的工具，如模拟、选择网格、假缝、模特尺寸测量、在虚拟模特上绘制线段或生成板片、控制衣片摆放及虚拟模特等。

3. 板片设计工具栏

用于放置绘制及修改板片的工具，如绘制矩形、加点、改变线弧度等。

4. 缝制工具栏

用于放置缝合衣片的裁缝工具，如线缝纫、自由缝纫等。

5. 纹理设计工具栏

用于放置给衣片添加纹理效果的工具，如编辑纹理等。

6. 线迹工具栏

用于放置给衣片添加明线的工具，如给衣片周边线或内部线添加明线、自由添加明线等。

7. 缝纫褶皱工具栏

用于放置为衣片添加缝纫褶皱的工具，如为衣片的边或缝纫线加褶皱，使其呈现抽褶效果。

8. 3D服装窗口

以三维方式展示虚拟模特及服装的窗口。可以给虚拟模特穿着服装，也可以加载虚拟模特走姿，展示服装的动态效果。

9. 2D板片窗口

可以绘制服装板片、设定裁缝线、编辑布料图像等。

10. 物体窗口

包括场景、织物、纽扣、扣眼、明线、缝纫褶皱和放码七个窗口。场景窗口以目录树的形式展示出系统中所有的物体，包括虚拟模特、服装、板片、缝合线及灯光等。在场景窗口中选择对象后，属性窗口中会出现此对象对应的属性值。织物窗口放置了不同的面料材质，可以根据设计需要增加、复制或删除面料。将某一面料材质拖拽到衣片上可以使该衣片设置成此面料材质。鼠标选择某一面料材质时，板片窗口和虚拟模特窗口中的对应衣片的轮廓变为红色。同时属性窗口中会出现此面料对应的属性值。纽扣窗口放置了不同类型的纽扣，可以增加、复制和删除纽扣的类型。将某一类型纽扣拖拽到衣片的纽扣上可以使该纽扣设置成此类型。鼠标选择某一类型纽扣时，属性窗口中会出现此纽扣对应的属性值。扣眼、明线、缝纫褶皱三个窗口与纽扣窗口功能类似。

11. 属性窗口

包括基本属性和织物属性两个窗口。基本属性窗口可以编辑场景窗口、安排点窗口等选择对象的基本属性，如修改被选择板片的名字及调整板片粒子间距等。织物属性窗口可以用来调整被选择板片的材质、物理性能、图层和厚度等。

二、鼠标基本操作说明

（1）左键单击：按下鼠标的左键并且在还没有移动鼠标的情况下放开左键。

（2）右键单击：按下鼠标的右键并且在还没有移动鼠标的情况下放开右键。

（3）左键框选：在没有把鼠标移到点、线等对象上前，按下鼠标的左键并且保持按下状态移动鼠标，框住对象后，松开鼠标。主要用于板片窗口，可以一次选择多个点、线或板片。

（4）右键拖拉：是指按下鼠标的右键并且保持按下状态移动鼠标。用于虚拟模特窗口，可以旋转虚拟模特，使操作者能从不同角度观看虚拟模特。

（5）滚动滑轮：滚动鼠标左右键之间的滑轮。在虚拟模特窗口和板片窗口中滚动滑轮，可以控制窗口的放大和缩小，向靠近操作者方向滚动滑轮，则将窗口内对象放大，相反则缩小。

（6）按住滑轮移动：按住滑轮不放，并移动鼠标。在虚拟模特窗口和板片窗口中，此操作都可以移动整个窗口的位置，便于观看窗口中的对象。

（7）单击：没有特意说明用右键时，都是指左键。

第二节 CLO系统的导入导出功能

一、导入导出DXF文件

DXF格式文件是CAD软件的标准交换文件的格式之一。AAMA的DXF格式是服装行业的通用数据格式之一，目前几乎所有的服装CAD软件都可以保存此格式。CLO3D可以兼容使用AAMA的DXF格式文件，也可以兼容Adobe Illustrator、Auto CAD等的标准DXF文件。

1.导入DXF文件

主菜单中选择"文件 > 导入 > DXF(AAMA/ASTM)"，如图2-2所示。在打开文件窗口中选择想要导入的DXF文件，在弹出的"导入DXF"窗口中设定具体的选项和参数，如图2-3所示。

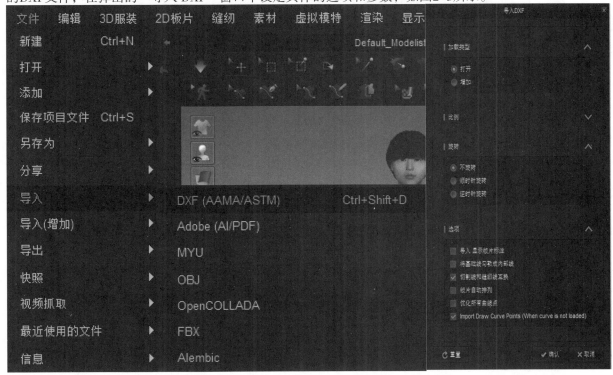

图2-2 导入DXF文件　　　　　　　　　　　　图2-3 导入 DXF窗口

（1）加载类型：选择打开板片或增加板片。

选择加载类型为打开板片时，可以覆盖系统中已有的板片。选择加载类型为增加板片时，会保留系统中已有的板片。

（2）比例：选择板片的长度单位。

不同的服装CAD软件存储为DXF格式文件后，存储的长度单位可能不一样，有时需要选择统一的长度单位。如富怡服装CAD系统导出的DXF文件长度单位是"mm"，而Gerber服装CAD系统导出的DXF文件长度单位是"inch"。

（3）旋转：调整板片的方向。

不同服装CAD软件导出的板片方向不同，有横向和竖向之分，可以通过旋转调整板片的方向。

（4）选项：切割线和缝纫线互换。

如果要使板片的切割线和缝纫线互换，则选中这个项目。板片的基础线和完成线的切换可以在CAD软件(导出 DXF文件时)的导出设定中改变。

2.添加DXF文件

主菜单中选择"文件 > 导入（增加）> DXF(AAMA/ASTM)"。在文件窗口中，打开想要添加的DXF文件，弹出"增加DXF"窗口，窗口中各项目的设置参考"导入DXF文件"。此功能可以用于合并或者增加服装，例如衬衫和裤子文件的合并。

3.导出DXF文件

主菜单中选择"文件 > 导出 > 板片外线（DXF）"。在保存文件对话框里设定保存文件的位置及文件名，然后点击保存，在随后出现的"导出DXF"文件的对话框中选择导出的DXF格式，长度单位（比例）以及是否交换切割线和缝纫线，如图2-4所示。

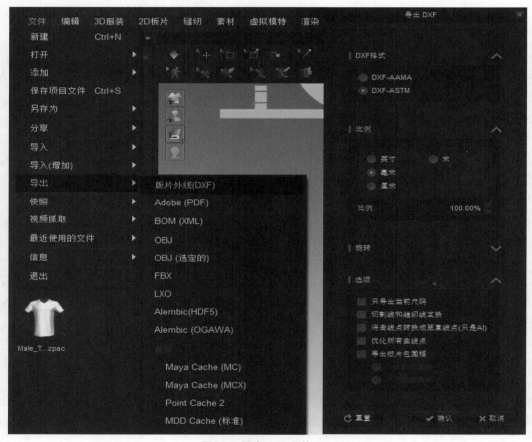

图2-4 导出DXF文件

二、导入导出OBJ文件

OBJ文件是三维图形软件的通用文件格式，AutoCAD、3DMAX等软件可以直接导入、导出OBJ文件。三维服装模型、三维人体模型都可以保存为OBJ格式。

在CLO 系统中制作的服装导出为OBJ文件时，同时会产生一个MTL文件，此文件保存了服装上已设定的面料纹理信息。

（一）导入OBJ文件

主菜单中选择"文件>导入>OBJ"，在弹出的对话框中选择要导入的文件。然后弹出"导入OBJ"对话框，可以在窗口上设定具体参数，如图2-5所示。

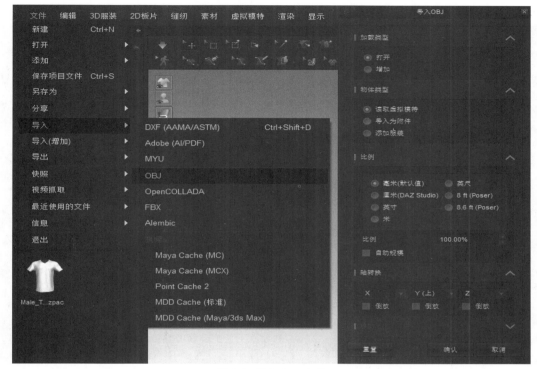

图2-5 导入OBJ文件

1.物体类型

（1）读取虚拟模特：导入虚拟模特方式。系统里原来的虚拟模特消失，导入新的虚拟模特。

（2）导入为附件：为场景或者道具等附件导入方式。

（3）添加服装：为服装导入方式。

（4）读取为Morph Target：从原来的物体变形到现在的物体。在Morphing Frame Count栏里输入动画Frame的个数。Frame个数越多，形变的速度越慢。

2.比例

AutoCAD、3DMAX等软件导出OBJ文件时的单位不同，因此需要选择与之一致的单位或百分比设置进行导入。

3.轴转换

转换物体的各轴方向。

（二）导出OBJ文件

主菜单中选择"文件>导出>OBJ"或者"文件>导出>OBJ（选定的）"，弹出"保存文件"对话框，输入保存位置和文件名。单击"确定"后，弹出"导出OBJ"的对话框，可以设置各项导出参数，如图2-6所示。

1.物体

选择想要导出的物体。在CLO3D/MD上制作的服装Cloth_Shpae在目录里可以看到。

统一UV坐标：勾选"统一UV坐标"，系统会用统一的纹理坐标表现全部的布料，并计算出UV坐标。

2.比例

选择导出OBJ文件的单位。

3.轴转换

转换物体的各轴方向。

4.文件

选择文件保存的方式。

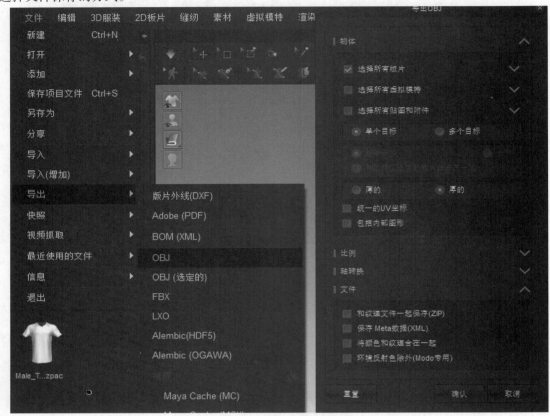

图2-6 导出OBJ文件

第三节 系统部分常用功能

本节介绍CLO系统的部分常用工具，结合第四节的简单例子，可以使读者快速了解CLO系统的基本功能。

1.【显示安排点】工具

显示或隐藏虚拟模特周围的安排点。显示安排点有两种方法：一是点击菜单栏中"显示>虚拟模特>显示安排点"；二是将鼠标放到3D服装窗口左上方快捷工具栏的第二个图标"显示虚拟模特"上，会弹出一组快捷按钮，选择第二个按钮可以显示或隐藏安排点，如图2-7所示。选择板片，然后点击虚拟模特周围的安排点，可以把板片移动到安排点周围。有时在3D服装窗口中，比较难选择板片，可以在2D板片窗口中选择板片，然后单击安排点也可以将板片安排在虚拟模特周边。

2.【调整板片】工具

用来选择、移动和旋转板片。工具位于2D板片窗口上方的"板片设计工具栏"中的第一个按钮。单击【调整板片】工具，把鼠标移动到要选择的板片上，板片轮廓线变成蓝色，光标的形状变成十字形。此时点击鼠标左键，板片被选中且轮廓线变成黄色，板片被矩形虚线框包围。按住左键进行拖动可以移动板片位置。将鼠标放到虚线框上方的小圆上，鼠标变成环形箭头，按住鼠标左键可以实现板片的旋转。

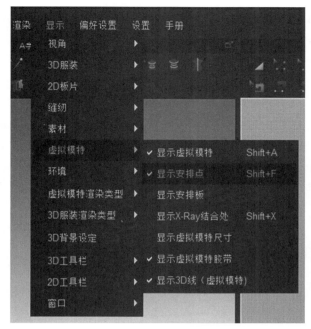

图2-7 显示或隐藏安排点

3.【编辑板片】工具

用来选择修正板片或板片内部的点、线。工具位于【调整板片】的右侧。选择此工具后，把鼠标移动到要选择的板片上面，点和线会变成蓝色。点击板片，蓝色的线和点会变成黄色。

(1)移动线或点：单击【编辑板片】工具，把光标移动到点或线上，光标的形状会变成小十字形，这时单击鼠标就可以选择点或线，然后拖动鼠标移动点或线，原点和移动点之间的距离会显示紫色。

(2)选择多条线：单击【编辑板片】工具，在板片窗口的空白地方单击一下，然后拖动鼠标选择多个板片、线或点；或按"Shift"键的同时单击多个线、点或板片。

(3)点删除：单击【编辑板片】工具，选择点，按"Delete"键就可以删除。

移动板片或板片上的点和线时，按住"Shift"键就可以在前一点的垂直、水平或45°线上移动，按住"Ctrl"键可以按照线条弯曲方向移动。

4.【线缝纫】工具

以线段为单位设定缝纫线。工具位于2D板片窗口上方的"缝制工具栏"中的第二个按钮。具体操作：选择【线缝纫】工具，点击要缝合的一条线，然后选择另一条线。这时候出现的虚线和缝合线方向标志是显示两个线条的缝合方向。选择第二条线的时候，这个方向会根据鼠标的移动而变换。选择第一个线条的时候，缝合线方向可以自动设定。根据第一条线的方向为基准，指定第二条线的缝合线方向。交叉设定缝合线的时候，虚拟模特窗口也会交叉显示。按【模拟】按钮，两个板片中的一个会被交叉缝合。

5.【自由缝纫】工具

按指定区域进行缝合。工具位于【线缝纫】工具的右侧。用鼠标选择要缝合线段上的第一点和最后一点，设置缝合区域。具体操作：点击缝合线段的第一点和最后一点。点击鼠标的顺序出现不同的缝合线方向标志。鼠标左键长按【自由缝纫】工具，可选择"M:N自由缝纫模式"，实现多对多缝纫。"线缝纫"和"自由缝纫"两种缝合方式可以根据情况变化自由使用，缝合的结果是一样的。

6.【模拟】工具

给虚拟模特穿上服装的模拟操作。工具位于3D虚拟窗口上方的"控制3D服装窗口工具栏"的第一个按钮。在模拟时，服装会拥有重力值，所以按模拟按钮时，服装会掉到地上，这时候如果有虚拟模特或

15

者其他物体，服装就会挂在其上面。如果板片之间设定了缝合线，布料下坠的同时会缝合设定好的缝合线。打开"模拟"时，可以在英文输入法下按住"W"键，同时单击左键固定一个固定针。【模拟】工具打开后，修正板片窗口的板片，板片的修正就会直接反映在虚拟模特窗口，可以实时显示服装修改的效果。

7. 调整粒子距离

粒子间距是指构成板片各点的平均距离，表示构成物体的网格（mesh）大小。粒子距离可以影响服装的品质和模拟速度。所以给虚拟模特穿着服装时，设定粒子间距为"20mm ~ 30mm"，可以快速生成服装。最后输出三维服装前，将粒子距离调整为"5mm ~ 10mm"，以提高服装的模拟品质。具体操作：选择板片，然后在"属性窗口>模拟属性>粒子间距（mm）"栏里输入"3.0 ~ 7.0"值，单击【模拟】工具，就可以在虚拟模特窗口看到效果了。

第四节　连衣裙的三维虚拟缝制

本节将通过一个简单的连衣裙例子，使用第三节的工具，使读者对CLO制作三维虚拟服装的基本流程有个认识。

一、选择虚拟模特

在"Library"窗口中双击"Avatar"，窗口下方出现不同模特，包括东方男女模、西方男女模、西方童模。根据需要选择合适的模特，本例选择东方女模。

二、导入连衣裙的板片

本节使用的连衣裙板片已经在服装CAD软件中完成制作，并导出为"ASTM"的"DXF"格式。所以，可以直接通过CLO的导入DXF文件功能导入。选择主菜单中"文件 > 导入 > DXF(AAMA/ASTM)"，选择打开连衣裙的板片DXF文件，板片显示在"2D板片窗口"中，调整板片位置，如图2-8所示。

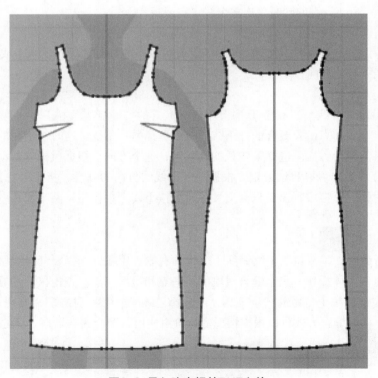

图2-8 导入连衣裙的DXF文件

16

选择菜单"虚拟模特>虚拟模特编辑器"，在弹出的对话框中选择"虚拟模特尺寸"，将虚拟模特的高度（身高）设置为"160"，选择"安排"，点击安排板中的"适用于虚拟模特"图标 ，使安排点适合虚拟模特。设置完成后，再次选择菜单"虚拟模特>虚拟模特编辑器"关闭虚拟模特编辑器。

三、将衣片在虚拟模特窗口中调好位置

（1）在3D服装窗口中，按"Ctrl+A"键全选所有板片，单击鼠标右键，选择"重设2D安排位置（选择的）"，将板片窗口中的所有板片显示在3D服装窗口相应位置，如图2-9所示。

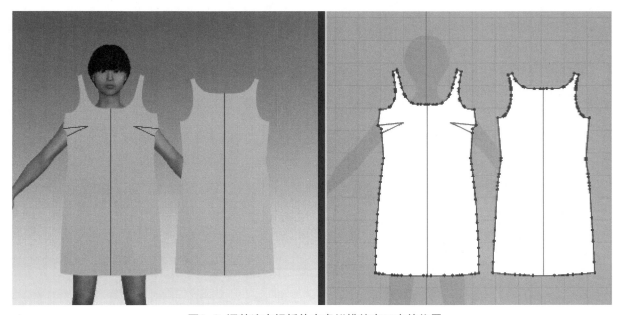

图2-9 调整连衣裙板片在虚拟模特窗口中的位置

（2）打开【显示安排点】工具 ，在3D服装窗口中单击前片，单击虚拟模特正面腰部中间的点。再单击右键，在弹出的菜单中选择"后"，然后单击后片，再单击虚拟模特后面腰部中间的点，如图2-10所示。

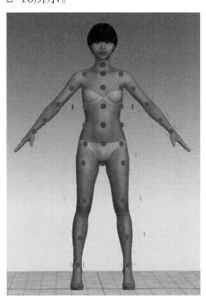  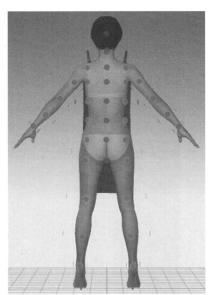

图2-10 使用安排点

17

（3）单击【显示安排点】工具 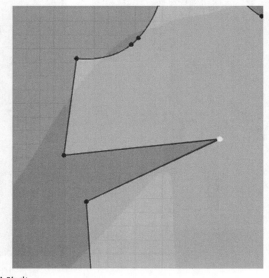 隐藏安排点。

（4）虚拟模特窗口中，衣片摆放如图2-11所示。

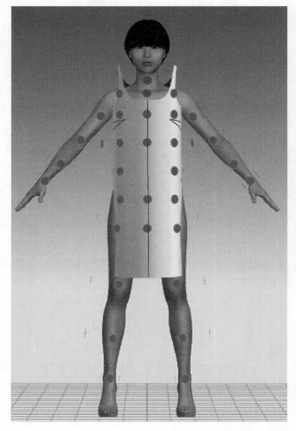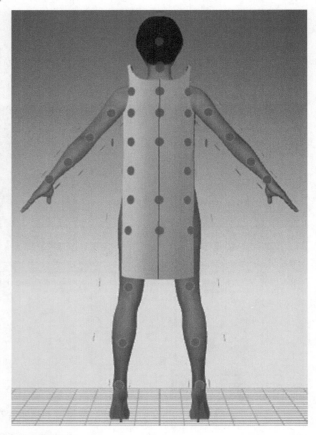

图2-11 安排后的连衣裙板片

四、修改胸省

（1）滚动鼠标滚轮，将2D板片窗口的板片放大，按住滚轮进行拖动，将前片胸省放大显示。

（2）选择【编辑板片】工具 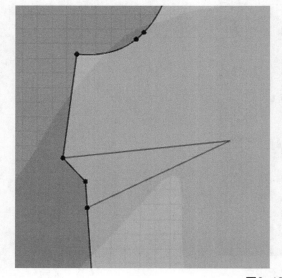，选中省中间点，按住不放进行拖动，拖到省尖点位置，如图2-12所示。（右边胸省同样做法。）

图2-12 修改胸省

五、缝合连衣裙

（1）选择【线缝纫】工具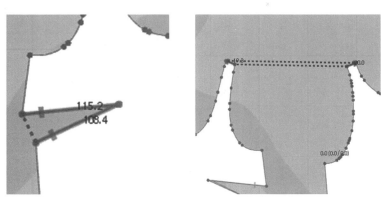，分别单击省线两边，进行省的缝合工作。缝合时注意缝合线方向，不要缝反。将左右胸省都缝合完，如图2-13所示。

（2）继续缝合前后肩线，先单击前肩线，再单击后肩线，将两侧肩线都缝合完。

图2-13　缝合胸省和肩线

（3）选择【自由缝纫】工具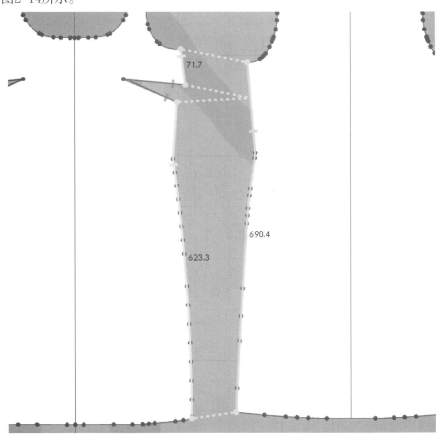，先单击后片腋下点，移动鼠标至下摆止点，可以看到这段线的长度为"690.4mm"，此时按住"Shift"键不松开，后片的这条缝线会变成黄色，单击前片腋下点，再单击省所在的点，接着点击省下边线右端点，移动鼠标至前片下摆止点并点击鼠标，松开"Shift"键，完成侧缝缝合，如图2-14所示。

图2-14　缝合侧缝线

（4）继续缝合侧缝线。使用【自由缝纫】工具，同样方法将另外一侧的侧缝缝合。

（5）在虚拟模特窗口中可以看到缝合线迹，检查线迹缝合是否正确，如图2-15所示。

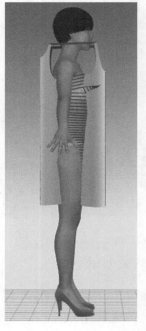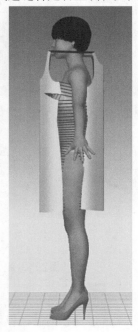

图2-15 检查缝合线迹

六、虚拟试衣

单击【模拟】工具 ，进行虚拟试衣，如图2-16所示。

图2-16 虚拟试衣

七、调整服装外形

连衣裙的领口、袖窿和肩线处由于受面料重力影响而产生变形，为防止形变，需在领口、袖窿和肩线处加衬条。选择【编辑板片】工具 ，框选后领口弧线上的点，单击右键，选择"转换为自由曲线点"，如图2-17所示（前领口弧线和袖窿弧线做法相同）。选择板片窗口的【黏衬条】工具 ，左键依次点击领口、袖窿和肩线进行黏衬条，如图2-18所示。然后打开【模拟】工具，鼠标左键拖拽衣服进行外形调整。

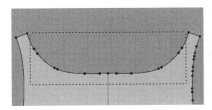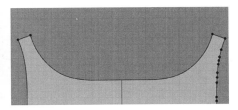

图2-17 将有点曲线转换为自由曲线

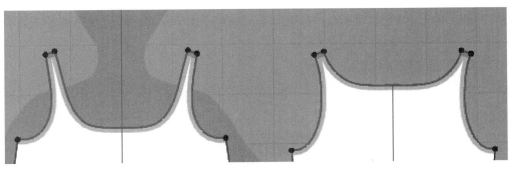

图2-18 黏衬条

八、调整属性

鼠标左键拖动框选2D板片窗口的所有板片，或者在2D板片窗口，按键盘上的"Ctrl+A"快捷键，在"属性窗口>模拟属性>粒子间距（毫米）"处，将"20"改为"10"。

调整完毕后，单击【模拟】，得到最终模拟效果如图2-19所示。

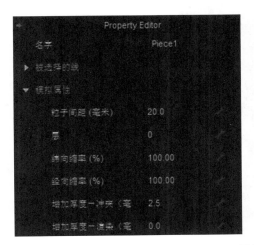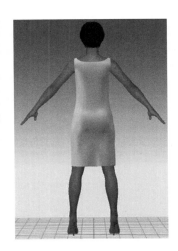

图2-19 最终模拟试衣效果图

第三章　CLO系统功能详解

第一节　虚拟模特参数调整

虚拟模特（avatar），即展示服装的虚拟模特。在CLO系统中可以选择系统提供的虚拟模特，并按照自己的需求，调整虚拟模特的各种参数。当然，CLO系统也可以导入其他软件制作或者三维人体扫描仪获取的虚拟模特，但这些导入的模特不能调整尺寸数据。

一、虚拟模特类型与尺寸调整

Library窗口包含多项对虚拟模特的设置，如模特的类型、发型（Hair）、鞋子（Shoes）、姿势（Pose）、动作（Motion）等，如图3-1所示。

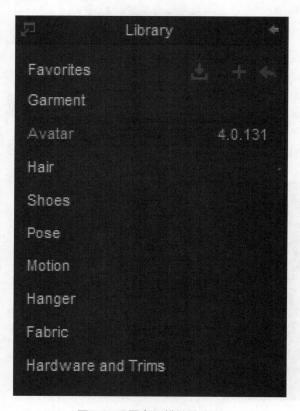

图3-1　设置虚拟模特的窗口

1.虚拟模特类型

在图3-1的对话框中，双击"Avatar"选项，在该窗口下方会加载相应的虚拟模特，包括东方男模、西方男模、东方女模、西方女模、西方童模五种，双击虚拟模特会出现在3D服装窗口。双击"Hair"选项，则下方出现此模特可以选择的发型，双击"Shoes"选项，可以选择与模特服装搭配的鞋子，如图3-2所示。

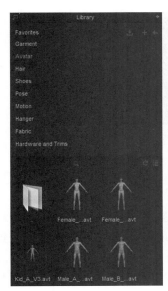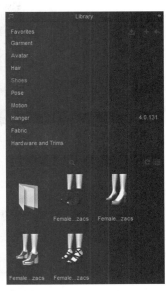

图3-2 虚拟模特类型、发型、鞋子和姿势的选择

2.虚拟模特体型

菜单栏中打开"虚拟模特>虚拟模特编辑器",如图3-3所示。单击"虚拟模特尺寸"选项卡,在"体型"选项框中单击不同的虚拟模特体型,3D服装窗口中的模特就会发生变化。虚拟模特的体型分为4种类型:Slim Tall(瘦高)、Heavy Tall(胖高)、Slim Short(瘦矮)、Heavy Short(胖矮),如图3-4所示。默认的虚拟模特体型为Slim Tall(瘦高)。

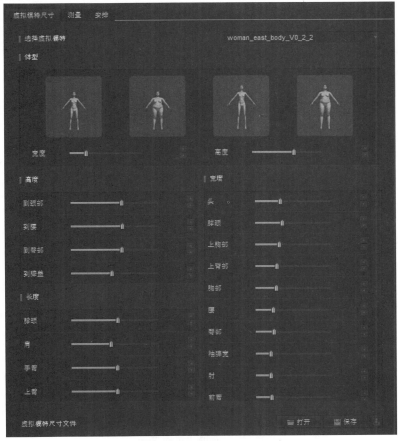

图3-3 虚拟模特尺寸窗口

23

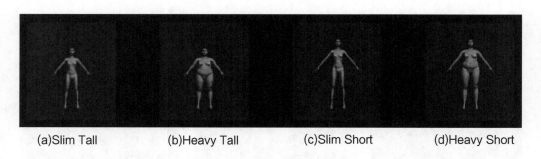

| (a)Slim Tall | (b)Heavy Tall | (c)Slim Short | (d)Heavy Short |

图3-4 多种虚拟模特体型

3.调整虚拟模特尺寸

图3-3中，在"体型"栏里可以调整"高度(身高)"和"宽度"值，对虚拟模特的身高和围度做简单调整。其中，"高度(身高)"是指除去鞋跟后从虚拟模特的脚跟到头顶的长度，"宽度"是以腰围尺寸为基准的身体的围度。

同时，还可以在"高度""长度"和"宽度"栏中调整身体各部位的尺寸，使得模特各项尺寸更加接近企业的试衣模特尺寸。其中，"宽度"项实为身体各部位的围度尺寸。

4.变更数据文件的保存

单击"保存"，然后在弹出的保存对话窗中输入文件名，单击"OK"保存为AVS文件。

5.打开保存好的文件

单击"打开"，打开已经保存好的虚拟模特的文件(*.avs)，设定好的数据就会应用到虚拟模特身上。

二、显示虚拟模特尺寸

显示虚拟模特尺寸有两种方式：一是打开菜单"虚拟模特>虚拟模特尺寸编辑器"；二是在3D服装窗口左上角的快捷工具栏中单击"显示虚拟模特尺寸"按钮，虚拟模特身上会出现各部位尺寸和测量位置，其中，紫色标记的项目表示围度，绿色标记的项目表示不同关节点距离地面的高度或者不同关节点之间的距离，如图3-5所示。

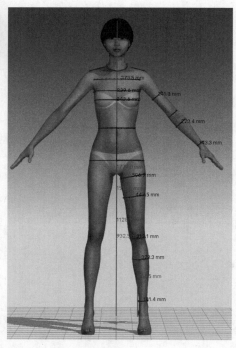

图3-5 显示虚拟模特尺寸

如果导入自己制作的OBJ人体模特，不会显示这些尺寸，用户可以使用菜单"虚拟模特>测量"里面的功能测量，并标注出所需要的尺寸。

　　三、虚拟模特姿势

　　CLO系统分别提供了儿童模特、男性模特和女性模特的几种姿势，同时还可以利用虚拟模特的关节部位变换虚拟模特的姿势，并将自己设计的姿势保存为文件（*.pos），方便以后使用。

　　1.打开姿势文件

　　打开虚拟模特姿势有两种方式：一是在Library窗口中双击"Pose"选项，在下方打开"Female_A"文件夹，如图3-6左所示，双击第二个姿势。二是主菜单中选择"文件>打开>姿势"，弹出读文件对话框，如图3-6中所示，在对话框中双击"Female_A"文件夹，选择第二个姿势，单击打开，弹出打开姿势对话框，如图3-6右所示，选择"旋转关节点"选项后单击确定，得到图3-7所示的姿势。

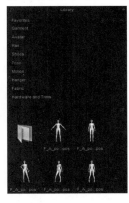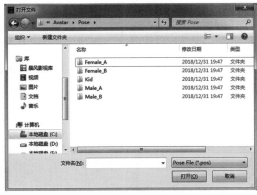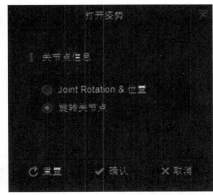

图3-6　打开姿势对话框

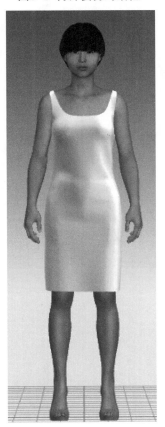

图3-7　第二个姿势

2.设计虚拟模特姿势

设计虚拟模特姿势时，具体操作如下：

（1）主菜单中选择"显示>虚拟模特>显示X-Ray结合处"，或者直接单击3D服装窗口左上角的快捷工具按钮，如图3-8所示，虚拟模特变透明且身上会出现很多绿色的关节点。

图3-8 显示X-Ray结合处

（2）当单击虚拟模特关节点的时候，会按照虚拟模特关节的方向出现Gizmo轴（图3-9），鼠标移动到Gizmo轴的圆周线上，按住鼠标移动，就可以调整虚拟模特的姿势。图3-10所示为虚拟模特右胳膊肘部调整后的样子。需要注意，当虚拟模特穿着服装时，需在【模拟】工具打开的前提下进行上述操作，才能保证服装跟随虚拟模特的关节转动而变化。

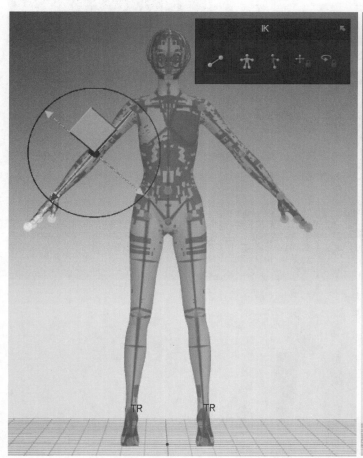

图3-9 肘关节处的Gizmo轴

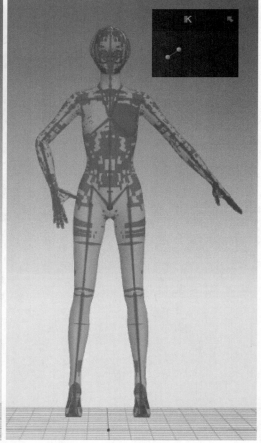

图3-10 调整后的样子

26

3.移动位置

（1）如果需要移动虚拟模特位置，则单击虚拟模特的中间关节点（紫色点），出现Gizmo轴，鼠标左键按住中间黄色方框并移动即可，如图3-11所示。

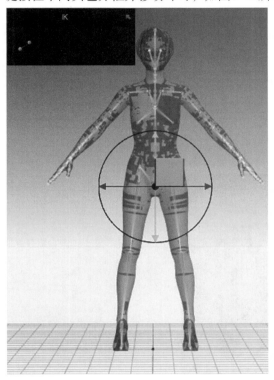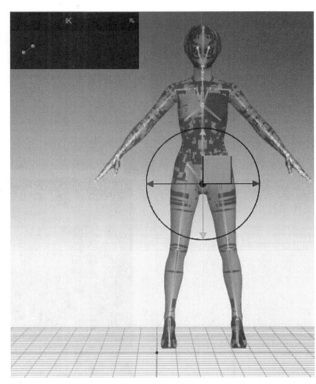

图3-11 移动虚拟模特位置

（2）移动物体位置时，直接用左键单击物体，拖动Gizmo轴中间的黄色方框，如图3-12所示。

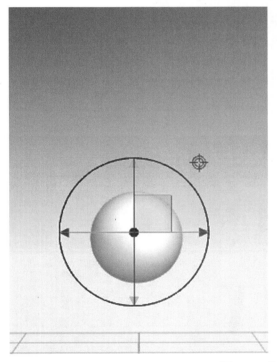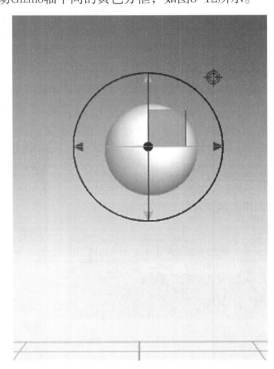

图3-12 移动物体位置

4.保存虚拟模特姿势和位置

利用 X-Ray功能设计的姿势，可以用POS文件保存使用。在主菜单中选择"文件>另存为>姿势"，弹出保存对话框，输入文件名字，单击保存即可。

5.设定表面间距

"表面间距"是虚拟模特和服装之间为了顺利进行模拟，在虚拟模特表面设定的间距。如果没有这个厚度，有时虚拟模特的部分会从服装中露出来。如果遇到这种问题，可以提高"表面间距"值或减少粒子距离来解决。但对于手套或贴身服装的模拟，则只能通过降低虚拟模特"表面间距"值。具体操作步骤如下：

（1）在3D服装窗口中单击虚拟模特，选择属性窗口中的"表面间距[0 ~ 100](mm)"栏，然后输入具体数值，如图3-13所示，系统默认值为"3"。

（2）单击【模拟】工具 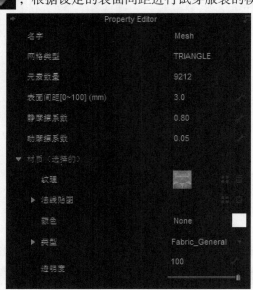，根据设定的表面间距进行试穿服装的模拟。

图3-13 修改表面间距值

6.显示/隐藏虚拟模特

3D服装窗口显示或隐藏虚拟模特，经常在制作服装里侧的时候使用。这不是消除虚拟模特，而是隐藏虚拟模特。在3D服装窗口左上角的快捷工具里单击【显示虚拟模特】工具 ，则虚拟模特隐藏，如图3-14所示。如果要重新显示，则再次单击此工具。

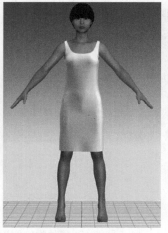

图3-14 隐藏虚拟模特

7.设定虚拟模特渲染风格

通过设定虚拟模特的渲染风格，可以设定虚拟模特的展示方式。在3D服装窗口左上角的快捷工具里选择不同的渲染风格。如图3-15所示，三种虚拟模特的渲染风格依次为纹理表面、黑白表面和网格。

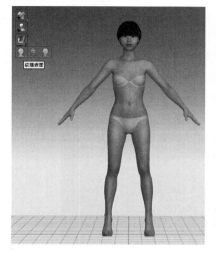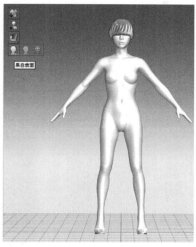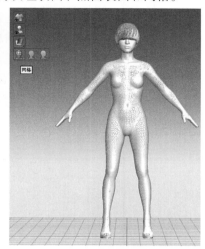

图3-15 三种不同的渲染风格

第二节 二维纸样设计

二维纸样是指使用服装CAD软件或者手工绘制的用于裁剪服装的样板。因为一般使用宽幅绘图纸绘制，所以习惯上称为纸样，有时也直接称为样板。本书直接采用CLO3D软件中文版的名称即"板片"（本书后续内容中出现的板片都是指服装的样板或纸样）。

一、生成板片

服装板片的获取，除了导入DXF文件外，也可以在板片窗口中利用"板片生成工具"创建板片。这些工具包括制作多边形、矩形、圆形及内部图形等。

1.制作多边形板片

（1）单击【多边形】工具 ，在2D板片窗口中，通过单击鼠标左键画出多边形。多边形的最后一点要与最初画的点重合，以制作出封闭图形，如图3-16所示。

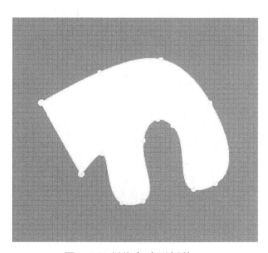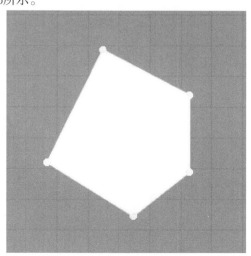

图3-16 制作多边形板片　　　　图3-17 制作自由曲线板片

（2）画点生成板片的过程中，如单击"Delete"键或"Backspace"键，可以从最后画的点开始按顺序删除。途中按"Esc"键，则删除全部。

2.制作自由曲线板片

选择【多边形】工具 ，按住"Ctrl"键的同时单击一个点，则所画的点变成自由曲线点，反复利用"Ctrl"键，可以绘制出曲线和直线混合的板片，如图3-17所示。

3.制作矩形板片

选择【长方形】工具 ，在2D板片窗口拖动鼠标画矩形或单击鼠标左键，弹出"制作矩形"对话框，输入宽度和高度，单击"确认"画出矩形，如图3-18所示。通过设置对话框下部的间距、角度、数量，可以一次绘出多个矩形板片。

图3-18 制作矩形

4.制作圆形板片

选择【圆形】工具 ，在2D板片窗口拖动鼠标画圆形或单击鼠标左键，弹出"制作圆"对话框，输入圆半径，单击"确定"画出圆形，如图3-19所示。通过设置对话框下部的间距、角度、数量，可以一次绘出多个圆形板片。

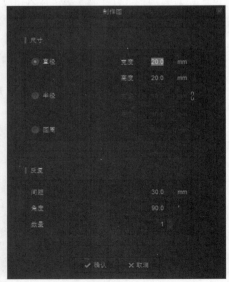

图3-19 制作圆

二、生成内部图形

内部图形包括多边形、长方形、圆形和省等，可以用来绘制板片内部的口袋、省或显示折叠板片的熨烫线、褶等。但内部图形只能在板片内部区域绘制。

1.制作内部线

选择【内部多边形/线】工具 ⬛，在板片内部单击鼠标绘制图形。画多边形时，最后单击画的点要与开始画的点形成封闭图形。注意画线时，双击最后一点结束；按住"Ctrl"键单击鼠标，可以画出曲线，如图3-20所示。

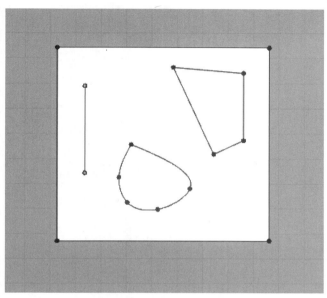

图3-20 制作内部线

2.制作内部矩形

选择【内部长方形】工具 ⬛，在已有的板片中，拖动鼠标画出矩形，或者单击板片，弹出"制作矩形"对话窗，输入宽度和高度制作出内部矩形，如图3-21所示。通过设置对话框中的间距、角度、数量，可以一次绘出多个内部矩形。

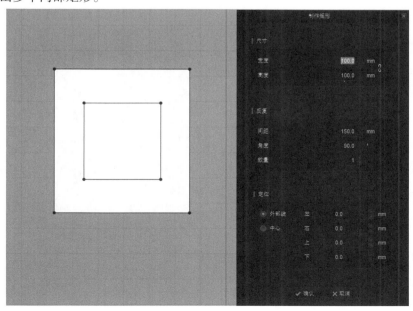

图3-21 制作内部矩形

31

3.制作内部圆形

选择【内部圆】工具 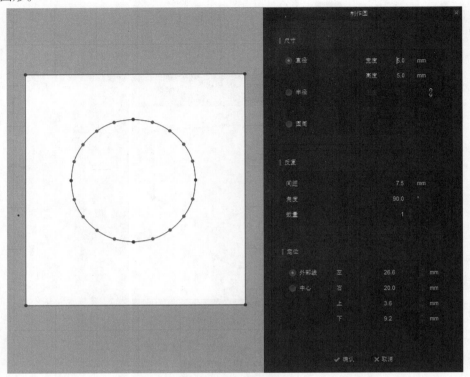，在已有的板片中，拖动鼠标画出圆形，或者单击板片，弹出"制作圆"对话框，输入半径制作出圆形，如图3-22所示。通过设置对话框下部的间距、角度、数量，可以一次绘出多个内部圆形。

图3-22 制作内部圆形

4.制作省

选择【省】工具 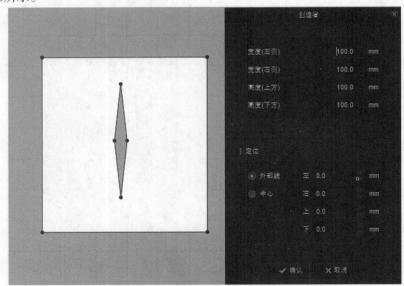，在已有的板片中，拖动鼠标画出省，或者在板片内部单击鼠标，弹出"创造省"对话窗，然后以省中心为基准输入左右宽度和上下高度，单击"确定"。单击鼠标的位置为省的中心点，如图3-23所示。

图3-23 制作省

5.勾勒轮廓生成内部图形

有时板片内部的图形不能被选中修改，用【勾勒轮廓】工具可以将其转化为可被选中修改的内部图形。选择【勾勒轮廓】工具 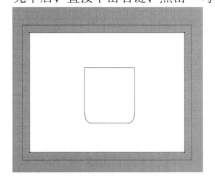，鼠标单击板片里面的图形，按住"Shift"键可以选择多个图形，选择完毕后，直接单击右键，点击"勾勒为内部图形"，就会自动生成内部图形，如图3-24所示。

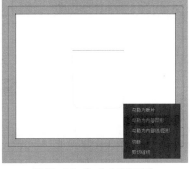
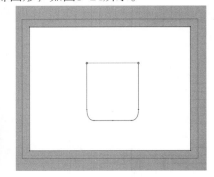

图3-24 生成内部图形

三、编辑板片

1.选择点、线或板片

编辑修改板片或点、线等内部图形，或者选择并移动板片。单击【编辑板片】工具 ，把光标移动到要选择的板片上面，点和线会变成蓝色，然后单击板片，蓝色的线和点会变成黄色，如图3-25所示。

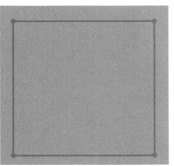

图3-25 选择板片

2.移动点、线或板片

（1）单击【调整板片】工具 ，把光标移动到板片上时，光标变成十字形，这时单击就可以选择整个板片，然后按住鼠标并拖动，就可以移动板片。

（2）单击【编辑板片】工具 ，把光标移动到点或线的上面，当光标会变成箭头和小十字形时，单击选择点，然后拖动鼠标移动点。原点和移动点之间的线段会显示为紫色，如图3-26所示。

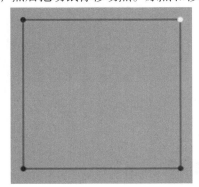
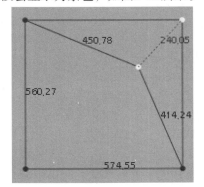

图3-26 移动点

3.选择多条线

单击【编辑板片】工具 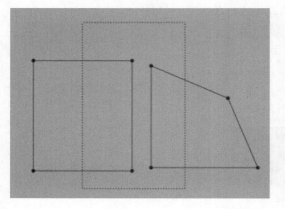，在板片窗口的空白处单击，然后拖动鼠标选择板片或点、线，也可按住 "Shift" 键的同时，选择多个点、线或板片，如图3-27所示。

图3-27　选择多条线

4.选择板片

【编辑板片】工具 可以框选整个板片，如果多个板片排列在一起，选择某个板片比较困难时，可以使用【调整板片】工具 ，如图3-28所示。

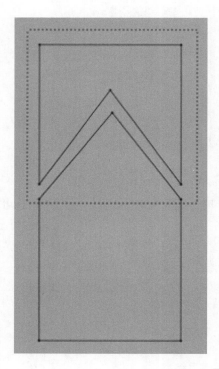
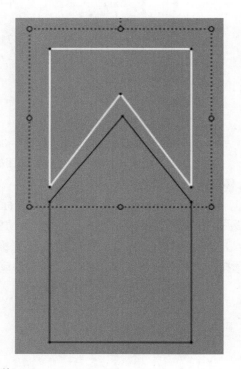

图3-28　选择板片

四、画曲线

1.绘制曲线

利用【多边形】工具 或【内部多边形/线】工具 制作多边形时，按住 "Ctrl" 键的同时，单击鼠标生成曲线点；释放 "Ctrl" 键则可以重新画直线，如图3-29所示。

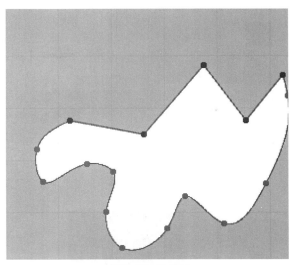

图3-29 画曲线

2.转换成曲线

利用【编辑圆弧】工具 ，选择直线然后拖动可以转换为曲线。选择曲线然后拖动可以调整曲线，如图3-30所示。

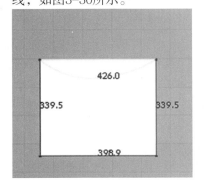
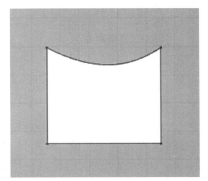
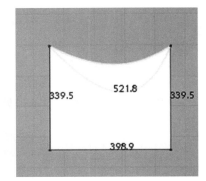

图3-30 编辑曲线

3.修改曲线

利用【编辑曲线点】工具 ，选择曲线点然后拖动修改，也可以追加点修改曲线形状，如图3-31所示。

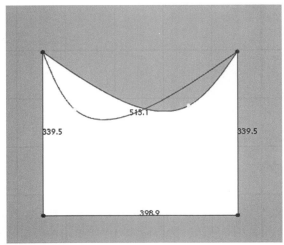
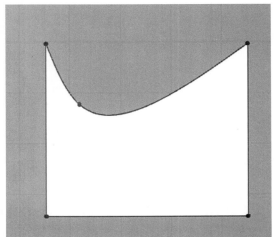

图3-31 编辑曲线点

35

4.删除曲线点

利用【编辑曲线点】工具 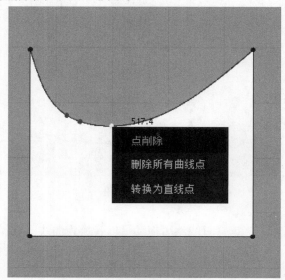，选择曲线点按"Delete"键，或在点上面单击鼠标右键，在弹出的菜单中选择"点删除"。曲线上有很多点，逐个删除比较困难时，使用【编辑曲线点】工具右键菜单中的"删除所有曲线点"进行删除，如图3-32所示。

图3-32 删除曲线点

五、加点/分线

一条线上追加直线点可以分成两条线段。"点追加"的目的是为了在线段必要的地方画点，以制作比较精细的板片，如板片的剪口处。

1.点追加

单击【加点/分线】工具 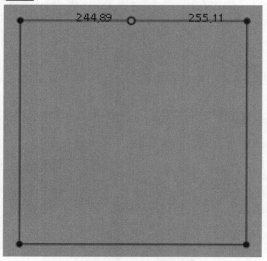，在线段上单击鼠标左键，即可追加点，如图3-33所示。

图3-33 追加点

2.输入尺寸的方式加点

如果需要在某一特定尺寸处加点，则可以使用输入尺寸的方式。单击【加点/分线】工具后，在需要加点的线上单击鼠标右键，弹出"分裂线"对话框，如图3-34所示，然后输入尺寸，单击"确定"即可。

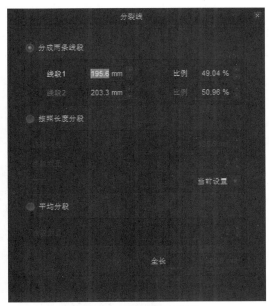

图3-34 分裂线对话框

（1）长度：以单击鼠标右键生成的临时点为基准，断开的两条线长度会显示在"分成两条线段"栏的"线段1"和"线段2"里，可以在这两个栏里输入尺寸改变线段的长度。

（2）比例：将要断开的线段长度看作100%，断开后的两条线的比率会显示在比例栏里，可以在比例栏里输入值改变线段的长度。

3.按设定长度加点

在线段上单击右键，在弹出的"分裂线"对话框中选择"按照长度分段"。输入线段长度为"80mm"，线段数量为"4"时，从线段的一个端点开始，每80mm追加一个点，线段被分为4段，如图3-35所示。如换追加点的开始方向，可以在方向下拉选项中选择"反向"。

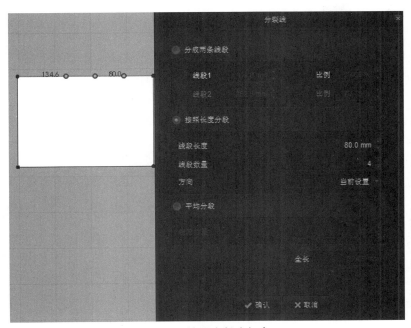

图3-35 按设定长度加点

4.按设定个数分割线段

右键单击线段，在弹出的窗口中选择"平均分段"，输入想要分的份数，就可以平分该线，如图3-36所示。

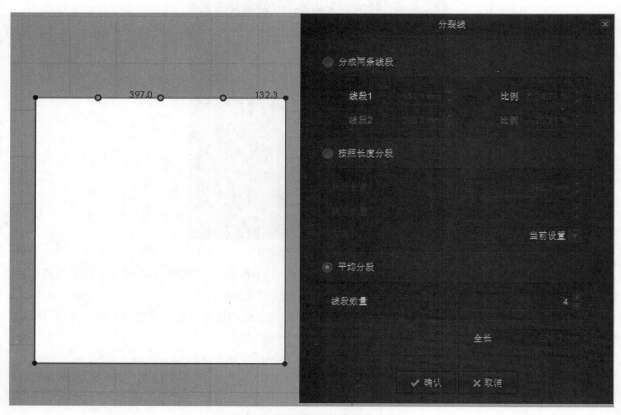

图3-36　按设定个数分割线段

5.点删除

利用【编辑板片】工具 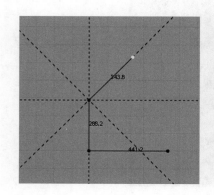 选择点，按"Delete"键就可以删除。

六、向导键

移动板片或板片上的点和线时，结合"Shift"键和"Ctrl"键可以更准确的编辑图形。

1.垂直、水平或45°移动

制作图形的同时，按住"Shift"键，可以在前一点的垂直、水平或45°线上画点。选择点和线拖动时，按"Shift"键会出现垂直、水平或45°移动的向导，按照向导移动点和线，如图3-37所示。

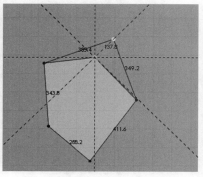

图3-37　垂直、水平或45°移动

2.按照线段延伸方向移动

选择【编辑板片】工具，移动点或线段时，按住"Ctrl"键会出现线段延伸方向上的移动向导，可以按照向导移动点或线段,如图3-38所示。

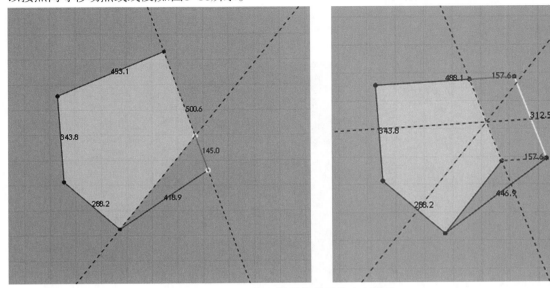

图3-38 按照线段延伸方向移动

3.输入距离移动点或线

选择【编辑板片】工具，移动点的同时，单击鼠标右键，弹出"移动距离"窗口,输入移动的距离，单击"确定"可以按输入的距离移动点,如图3-39所示。

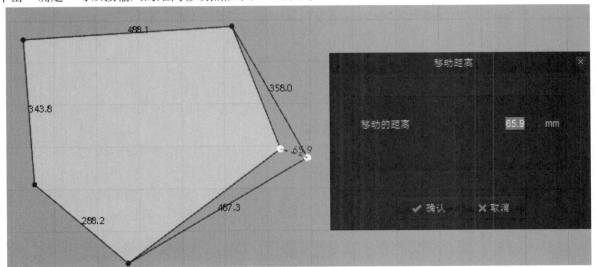

图3-39 输入移动距离

七、方向键

在板片上选择点或线，然后用方向键移动。

1.用方向键移动

选择板片或点、线的同时，按方向键可以按一定的间隔量移动选择对象。

2.调整方向键移动间隔量

（1）在板片窗口的空白处，单击鼠标右键，在弹出的菜单中选择"网格属性"，如图3-40所示。

（2）在"属性窗口>2D网格>移动2D方向键（mm）"设定方向键移动的单位间隔（mm），系统默认为

10mm，如图3-41所示。

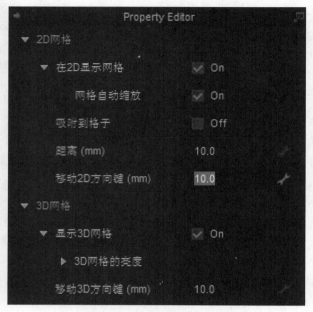

图3-40 选择网格属性　　　　　　　　　　图3-41 设置移动间隔量

八、板片变化

复制板片或复制内部图形。

1.复制板片

（1）选择板片，按"Ctrl+C"拷贝，按"Ctrl+V"粘贴。或者在板片上面单击右键，在弹出的菜单中选择"复制"，然后在板片窗口空白处单击右键选择"粘贴"。

（2）复制的板片跟着鼠标移动的时候，单击2D板片窗口就可以直接粘贴到窗口上面。

2.从板片克隆出内部图形

在板片上面单击右键，在弹出的菜单中选择"克隆为内部图形"。克隆出的内部图形会跟着鼠标移动，在选择的板片里面的合适位置单击鼠标，就可以复制成内部图形，如图3-42所示。

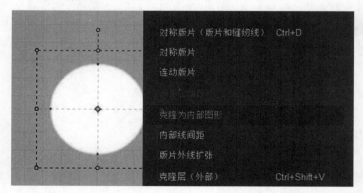
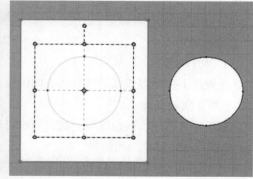

图3-42 板片克隆为内部模型

3.从内部图形克隆出板片

选择内部图形单击右键，在弹出的菜单中选择"克隆为板片"。板片跟着鼠标移动，在空白处单击，即克隆出板片，如图3-43所示。

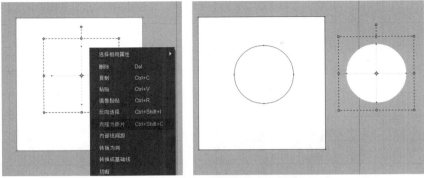

图3-43 从内部图形克隆出板片

4.内部图形转换为孔洞或省

选择内部图形，单击右键，在弹出的菜单中选择"转换为洞"。转换成孔洞的部分如图3-44所示。

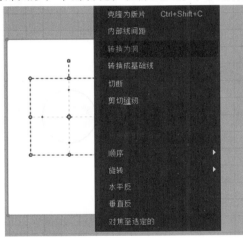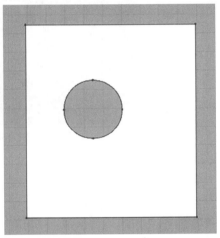

图3-44 内部图形转换为洞

5.孔洞或省转换为内部图形

选择孔洞或省，单击右键，在弹出的菜单中选择"转换为内部图形"，如图3-45所示。

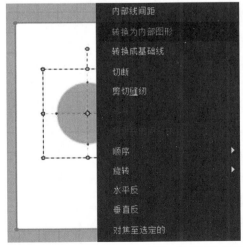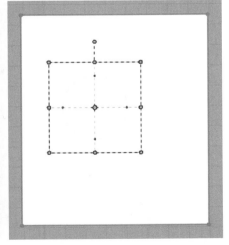

图3-45 孔洞或省转换为内部图形

九、板片反转（翻转）

很多服装的左侧和右侧板片相互对称，进行款式设计的时候，可以先制作一个板片，然后将其对称复制为另一个板片。这时需要使用"对称板片（板片和缝纫线）"或"水平反""垂直反"功能。

1.对称板片（板片和缝纫线）

在板片上单击右键，在弹出的菜单中选择"对称板片（板片和缝纫线）"，制作出的对称板片会跟着鼠标移动，在板片窗口空白处单击左键，即制作出另一片对称板片，如图3-46所示。这样操作得到的两个板片轮廓线为蓝色粗线，板片的缝纫和编辑只需对其中一片进行操作，另一片自动发生联动，节省了操作时间。若想解除两个板片的这种关联则随便选中其中一片单击右键，在弹出的菜单中选择"解除联动"。

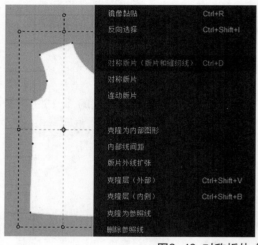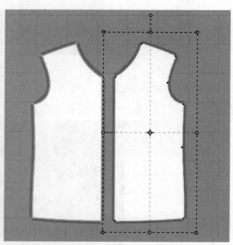

图3-46 对称板片（板片和缝纫线）

2.水平反和垂直反功能

在板片上单击右键选择"水平反"或"垂直反"就可以反转板片。

3.水平反转

（1）选择板片按"Ctrl+C"键复制后，按"Ctrl+R"键反转板片，然后粘贴，如图3-47所示。但此种方法对称出的两个板片没有关联功能。

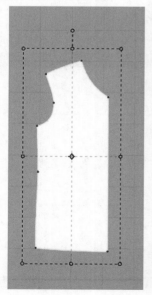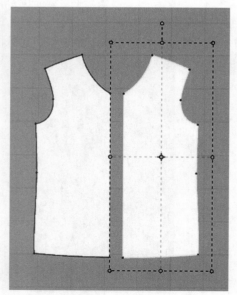

图3-47 水平翻转粘贴

（2）另一种方法是在板片上面单击右键选择复制后，在空白地方单击右键选择"镜像粘贴"。

（3）复制的板片跟着鼠标移动，单击板片窗口某一位置，就可以粘贴。

4.板片展开

很多服装板片以中心线为基准左右或上下对称，制图的时候画一半板片后，可以反转复制另一半，这时为了不切开中心线可以使用板片展开功能。

（1）利用【编辑板片】工具 ，选择板片反转的基准线。

（2）单击右键选择"展开"，则复制出另外一侧，如图3-48所示。

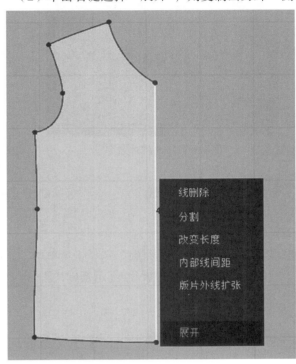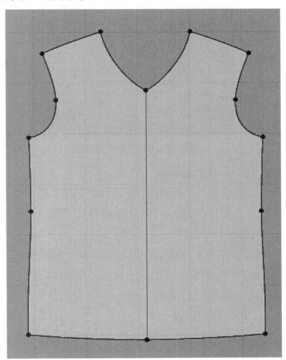

图3-48 板片展开

十、网格

网格可以对绘制或修正板片起到一定的辅助作用。网格的基本间距是"10mm"，在板片窗口看到的网格线的间距是设定间距的5倍（50mm）。

1.显示网格

主菜单中选择"显示>环境>在2D显示格子"。

2.设定网格间距

（1）板片窗口空白处，单击右键，在弹出的菜单中选择"网格属性"。

（2）"属性窗口>2D网格>距离（mm）"中输入网格的间隔单位（mm），如图3-49所示。

十一、显示板片名

使用生成板片工具绘制的板片或者导入其他服装CAD的DXF板片都有各自的名称，板片名可以在板片窗口显示也可以隐藏。

1.显示板片名

在板片窗口单击右键，在弹出的菜单中选择"显示板片名"。

2.更换板片名

选择【调整板片】工具 ，单击想要更换名字的板片。在"属性窗口>名字"栏里输入新板片名，如图3-50所示。

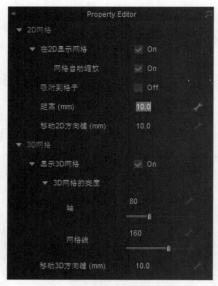

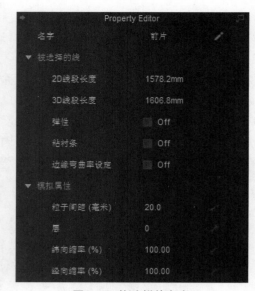

图3-49 网格间隔量设置　　　　　　　　　图3-50 修改样片名字

十二、显示基础线

将其他服装CAD导出的DXF文件导入CLO系统时，板片上的剪口、布纹线等信息会作为基础线出现。有时为了制作需要，可以把基础线的信息显示或隐藏。

1.显示基础线

4.0版本的3D服装基础线和2D板片基础线要分别设置。显示3D服装基础线时，选择主菜单中"显示>3D服装>显示3D基础线"。显示2D板片基础线时，选择主菜单中"显示>2D板片>显示基础线"，或者在板片窗口的空白处单击右键，在弹出的菜单中选择"显示基础线"。

2.显示线的长度

确认板片或内部线的长度。在板片窗口空白处，单击右键，选择弹出菜单中的"显示线的长度"。

3.显示长度

显示图形全部长度：用【调整板片】工具 ◢ 单击选中图形，然后在"属性窗口>被选择的线>2D线段长度"栏里显示图形全部长度。

显示选择线段长度：用【编辑板片】工具 ⤳ 选择线，然后在"属性窗口>被选择的线>2D线段长度"栏里显示选中线的长度，如图3-51所示。

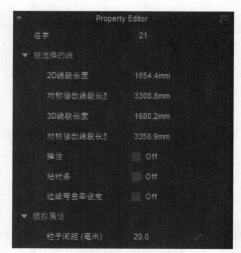

图3-51 图形长度

第三节　板片的三维定位

一、安排点

安排点是为了方便在虚拟模特身上安排板片时，而设定的一些点。安排点一般依附于安排板上。使用者可以根据需要追加、删除或移动安排点。编辑好的安排点可以用"*.arr"文件保存或打开。

1.追加安排点

（1）主菜单中打开"虚拟模特>虚拟模特编辑器"，在虚拟模特编辑器中选择"安排"选项卡，在"安排点"框中单击加号按钮 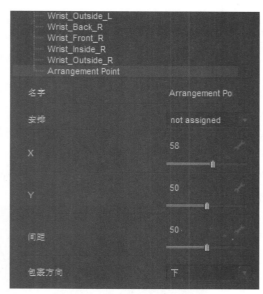，生成新的安排点。

（2）安排点目录下端会生成新的安排点"Arrangement Point"，如图3-52所示。

（3）单击新的安排点"Arrangement Point"，在下方"名字"栏里修改安排点名称。

（4）然后在下面的"安排"栏里选择设置安排点依附的安排板，如图3-53所示。

（5）调整图3-53中"X""Y""间距"等数值。"X"为水平方向安排点的移动量，"Y"为垂直方向安排点的移动量，"间距"为安排点与皮肤表面的距离。

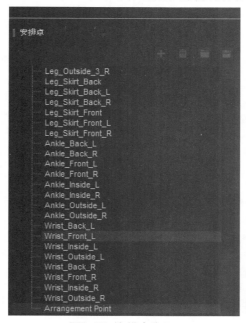

图3-52 安排点窗口　　　　　　　　　　图3-53 设置安排点的安排板

2.删除安排点

在虚拟模特编辑器的"安排"选项卡的"安排点"框中单击选中要删除的安排点，然后按"Delete"键或单击【删除】按钮 删除安排点。

3.打开安排点

在虚拟模特编辑器中，单击图3-52上端的【打开】按钮 ，打开新的安排点文件。

4.保存安排点

在虚拟模特编辑器中，单击图3-52上端的【保存】按钮 ，保存现在的安排点信息为"*.arr"文件。

二、安排板

安排板是围绕在虚拟模特身体周围的圆柱面，是生成安排点的基础。安排板两端和虚拟模特各关节连接在一起，所以变换虚拟模特的姿势或性别后，可以利用主菜单"虚拟模特>虚拟模特编辑器>安排>安排板"的适用于虚拟模特按钮 ，把安排点和安排板的位置移动到虚拟模特各部位继续使用。已有安排点的移动或删除等可以更新位置使用。

1.显示安排板

单击3D服装窗口左上角的快捷工具中的【显示安排板】按钮，如图3-54所示。

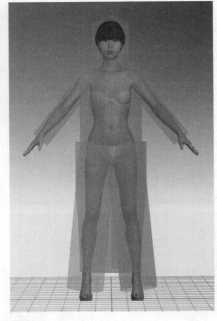

图3-54 显示安排板

2.追加安排板

（1）主菜单中打开"虚拟模特>虚拟模特编辑器"，在虚拟模特编辑器中选择"安排"选项卡，单击"安排板"框中的加号按钮，生成新的安排板。

（2）安排板下端生成新的安排板"Pan"，在3D服装窗口下端可以确认新生成的圆柱形安排板，如图3-55所示。

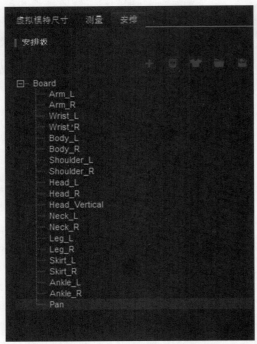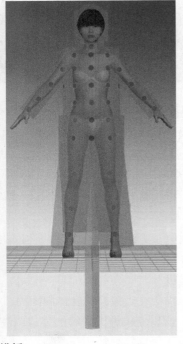

图3-55 新生成的安排板

46

（3）单击追加的"Pan"，在下方"名字"栏里修改安排板名称，如图3-56所示。

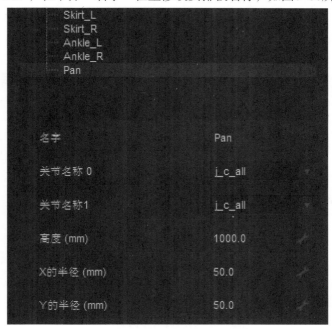

图3-56 修改名字

（4）在图3-56中的"关节名称0"栏里选一个关节。单击"关节名称1"，然后选择和上一个关节连接的关节。最后调整高度和各轴的半径，设定安排板大小。

安排板的上面、下面均与虚拟模特的关节连接在一起。变换虚拟模特姿态的时候，安排板的位置也会跟着变换，所以姿态变换后使用安排点重新排列板片。

①关节名称0：连接安排板的下部和虚拟模特的关节。

②关节名称1：连接安排板的上部和虚拟模特的关节。

③高度：安排板的高度。

④X的半径：安排板通常为圆柱形，X的半径即为圆柱在X轴方向的半径。

⑤Y的半径：圆柱在Y轴方向的半径。

（5）调整安排板的大小，然后利用3D服装窗口的"Gizmo"旋转安排板的位置和角度。

3.删除安排板

在3D服装窗口单击要删除的安排板，直接按"Delete"键删除。也可以在图3-55中选中要删除的安排板，然后按"Delete"键或单击删除按钮，删除安排点。

4.打开安排板

在图3-55中单击打开按钮，打开新的安排板文件(*.pan)。

5.保存安排板

在图3-55中单击保存按钮，把安排板目录保存到"*.pan"文件形式。

第四节 板片缝合

CLO系统中的衣片缝合方式有两种：线缝纫和自由缝纫。线缝纫是以缝边线为单位进行缝合的方式，如前后身片的侧缝线（侧缝线是完整的一条线，中间无断开的情况下）；自由缝纫是以缝边线的指定区域（缝边线的一部分或者相连的多条线）为单位缝合的方式，如领片的前领部分与前片上的领弧线部分的缝合。两种缝合功能根据情况使用，而且缝合结果是一样的。两种缝合方式都有指定缝合方向的标志（缝纫线上的垂直短线），利用缝合方向可以制作褶，如图3-57所示，左图为用缝纫线连接有褶设计的板片，右图为完成的褶的效果。

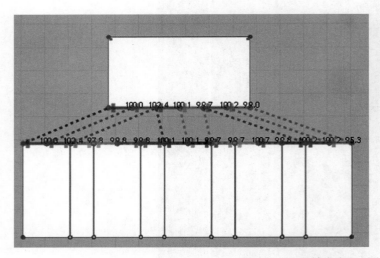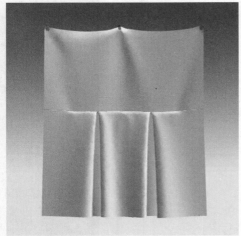

图3-57 利用缝合方向制作褶

一、线缝纫

（1）选择【线缝纫】工具，单击要缝合的一条线，然后选择另一个衣片上的对应缝边线，如图3-58所示。

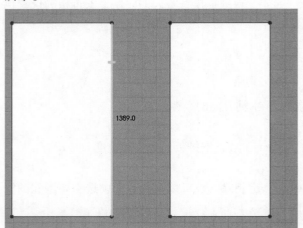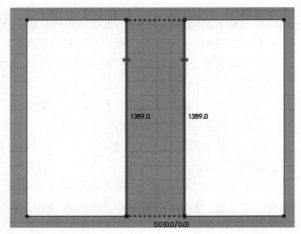

图3-58 选择对应的缝边线

（2）这时出现的虚线和缝纫线标志显示出两条线的缝合方向。选择第二条线的时候，缝合方向会根据鼠标的移动而变换。注意缝合方向需要一致，图3-59中的两条交叉虚线代表缝合方向不一致。

（3）注意如果缝合方向不一致，如图3-59所示，3D服装窗口也会交叉显示。单击模拟工具后，两个衣片中的一个会被交叉缝合，如图3-60所示，右侧衣片缝反了。

二、自由缝纫

选择【自由缝纫】工具，单击一条缝边线的开始点和结束点。然后，单击对应缝边线的开始点和结束点，如图3-61所示。与线缝纫工具一样，需要注意缝合方向。

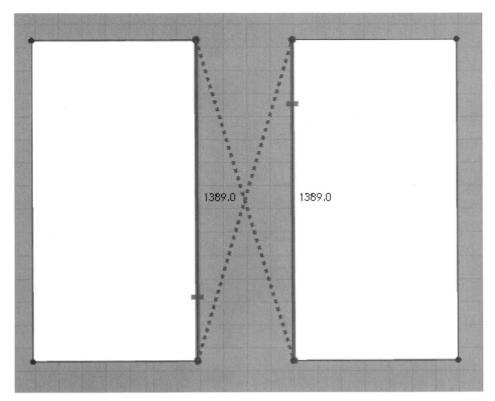

图3-59 缝合方向不一致

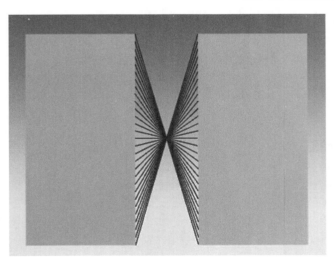

图3-60 缝合方向不一致的模拟结果

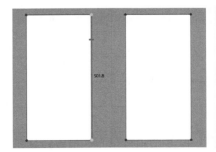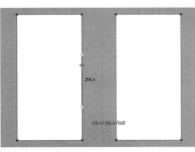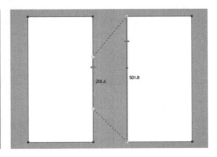

图3-61 自由缝纫

三、编辑缝纫线

缝纫线缝合后，还可以修改和调整，比如调整缝纫线的长度或反转缝合方向。

1.选择缝纫线

缝纫线的选择有两种方式：一种是通过【编辑缝纫线】工具 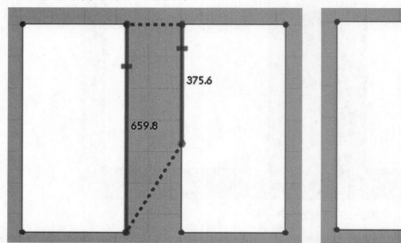，一种是通过物体窗口。第一种方式，单击【编辑缝纫线】工具后，2D板片窗口中所有的缝纫线都会显示出来，鼠标直接点击需要选择的缝纫线即可；第二种方式，可以直接在物体窗口的场景中单击需要修改的缝纫线。

2.修改缝纫线

（1）选择【编辑缝纫线】工具 ，单击需要调整的缝边线的端点，按住鼠标左键移动到调整位置后松开鼠标，如图3-62所示。

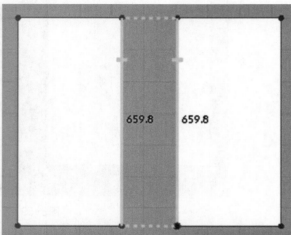

图3-62 调整缝纫线长度

（2）选择缝纫线，单击鼠标右键选择"调换缝纫线"，缝纫线方向得到调整，如图3-63所示。

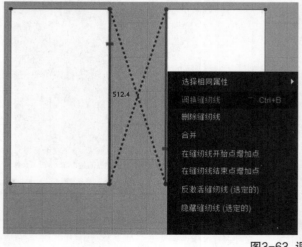
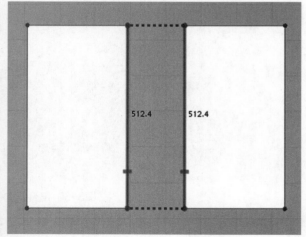

图3-63 调换缝纫线

3.删除缝纫线

单击【编辑缝纫线】工具，选择缝纫线，按键盘上的"Delete"键即可。

四、折叠缝纫线

主要包括调整缝纫线的折叠强度和角度等功能。

（1）单击【编辑缝纫线】工具，选择缝纫线，在属性窗口"缝纫线类型"栏里可以调整折叠强度和角度，如图3-64所示。同样也可以调整内部线的折叠强度和角度。

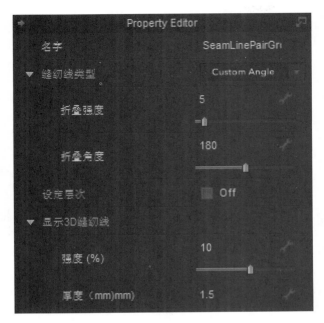

图3-64 折叠缝纫线窗口

（2）可以把角度调整为0°～360°。CLO3D系统的默认值是180°，指一个平坦的表面。如果增加或减少角度，会使衣片缝合处向上或向下折叠，如图3-65所示。

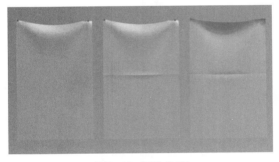

图3-65 调整角度

（3）调整"折叠强度"的值可以设定强度。强度值越大越接近设定角度。折叠强度主要使用0～20。

第五节 面料处理

面料处理功能主要包括面料的表面纹理安排、面料颜色设置，以及面料的物理属性设置。

一、面料纹理处理

为了达到真实效果，虚拟服装需要加上面料图像。CLO3D系统还提供了面料图像编辑工具，利用编辑工具可以调整图像大小和方向等。这些工具在3D服装窗口和2D板片窗口中都可以使用。

1.插入面料

（1）插入面料有两种方法。第一种方法是打开一个文件夹中包含的面料图像，将面料图像拖放到2D板片窗口的板片上面或3D服装窗口的衣片上面，然后在弹出的导入形式对话框中选择"Texture"并点确认按钮，如图3-66所示。

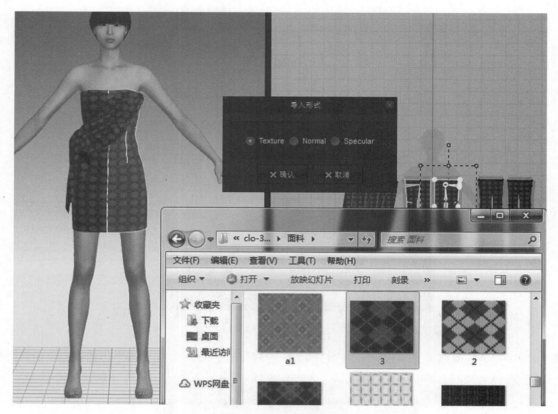

图3-66 拖放方式加入面料

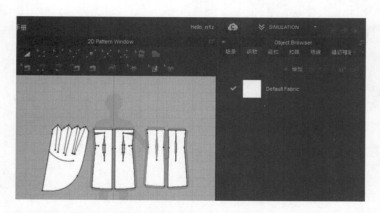

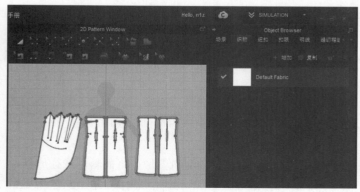

图3-67 选择织物类别

（2）第二种方法是利用属性窗口的表面纹理菜单。需要注意：不同表面纹理的衣片属于不同的织物类别。织物类别在物体窗口的织物框中选择，如图3-67所示，"Default Fabric"是系统默认的织物类别，所有衣片默认属于该织物类别。单击"Default Fabric"，则属于该织物类型的衣片轮廓变成红色。点击织物框中的增加按钮可以增加新的织物类别"FABRIC"。比如，要在前片插入不同的面料，则单击"FABRIC"，在物理属性窗口中的名字栏修改织物类别名称为"前拼片"。选择物体窗口中的织物类别"前拼片"，单击"属性窗口>属性>纹理"栏后方的按钮，打开纹理对话框选择纹理，如图3-68所示。鼠标左键按住物体窗口中的织物类别"前拼片"，拖拽到板片窗口的前拼片（最左侧板片）上面，插入面料后的效果如图3-69所示。

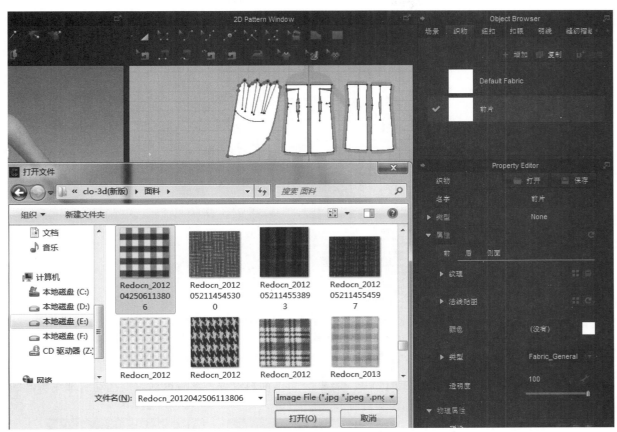

图3-68 属性窗口方式加入面料

图3-69 前拼片插入面料的效果

2.纹理编辑

利用【编辑纹理】工具 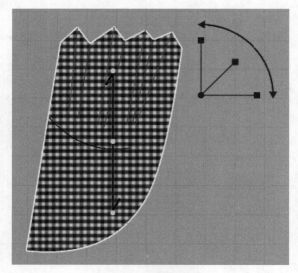 选择板片，显示的编辑器如图3-70所示。利用该编辑器可以编辑纹理。

图3-70 纹理编辑器

（1）移动：利用【编辑纹理】工具 ，拖动板片里面插入的纹理，可以移动纹理的位置。

（2）放大/缩小：利用【编辑纹理】工具 ，单击面料纹理，然后鼠标左键拖动纹理编辑器的45°斜线段，可以放大缩小纹理，如图3-71所示。

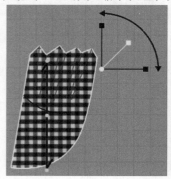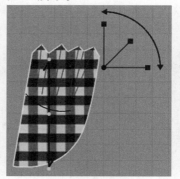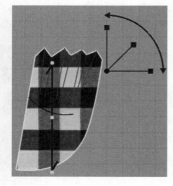

图3-71 放缩面料纹理

（3）旋转：利用【编辑纹理】工具 选择纹理，单击黄色线并沿着圆圈拖动鼠标。也可以"属性窗口>织物>纹理方向"栏里输入旋转角度旋转纹理，如图3-72所示。

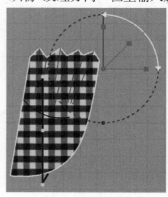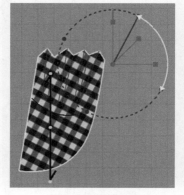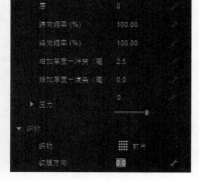

图3-72 旋转纹理

3.删除纹理

利用【编辑板片】工具 ，在板片上面单击鼠标右键选择"删除图案"，如图3-73所示。

图3-73 删除纹理

4.显示/隐藏纹理

单击板片窗口【在2D显示面料图案】工具 ，可以显示或隐藏纹理。

二、调整面料颜色和光泽

1.调整颜色和光泽

在物体窗口中选择板片所属的织物类别，然后在"属性窗口>属性>颜色"栏里单击右侧按钮，弹出"颜色"对话框，选择合适的颜色。在"属性窗口>属性>类型"下拉栏里可以选择不同类型的效果，包括Fabric_General（常规织物效果）、Fabric_Shiny（发亮织物效果）、Leather（皮革效果）、Metal（金属效果）、Plastic（塑料效果）5种，如图3-74所示。不同的类型表现出不同的表面光泽，如图3-75所示。另外，"Roughness（粗糙度）"有"强度"和"Map（高光图）"2种。当选择强度时，滑动Roughness（粗糙度）和Reflect Intensity（反射强度）的滑块可以对衣片光泽强度进行更多调整。

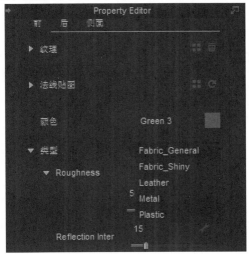

图3-74 织物类型

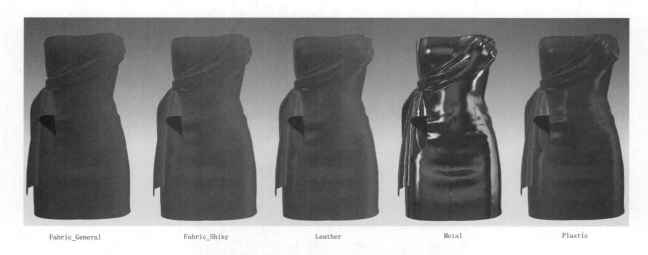

| Fabric_General | Fabric_Shiny | Leather | Metal | Plastic |

图3-75 五种类型的表面光泽效果

当在"属性窗口>属性>类型>Roughness"的下拉栏中选择"Map（高光图）"时，下方出现Map设置栏，单击Map栏后面的按钮 ，在弹出的对话框中选择纹理图片，系统会自动去除图片的颜色并提取纹理形成高光图填充到衣片上，如图3-76所示。滑动Map Intensity（高光图强度）滑块可以调整高光图的强度。高光图的角度、宽度、高度均可设置，操作方法是在"属性窗口>属性>图案变换信息"中修改"Roughness Map Angle（角度）"、"Roughness Map Width（宽度）"和"Roughness Map Height（高度）"。

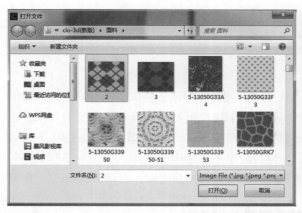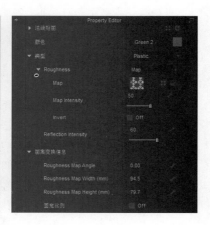

图3-76 高光图填充和设置

2.调整透明度

"透明度"选项可以调整服装的透明程度。透明度为"0"时，3D服装窗口中选择的服装隐藏。一般情况下，透明度都设为"100"。当制作透明面料效果时，可以根据需要，将透明度值设置为小于100的值。如图3-77所示，在"物体窗口>织物"中单击要设置透明度的衣片所用的织物，然后在"属性窗口>属性>透明度"滑动透明度滑块或直接输入数字。

三、设定面料的物理属性

面料的物理属性是决定服装的悬垂感等外观感觉的主要因素。CLO3D系统中的面料物理属性包括经纬向强度、对角线张力、弯曲强度、变形率、密度、摩擦系数及压力等，如图3-78所示。通过调整这些属性值，可以表现出棉、牛仔布、丝绸和皮革等面料的不同外观感觉。使用者可以通过加载系统预设的面料，并调整细节得到想要的面料效果，也可以通过面料测试仪测试面料的属性，然后输入CLO系统得到面料效果。

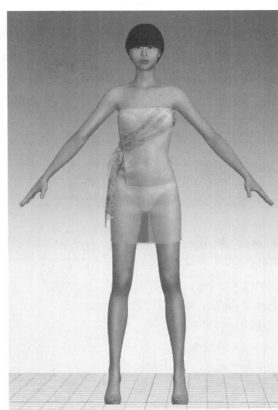

图3-77 调整透明度值

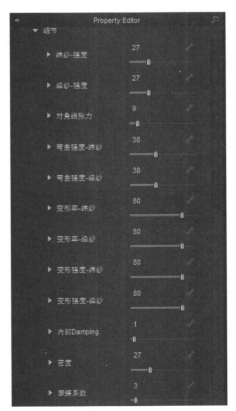

图3-78 物理属性

图3-79 预设值

（一）设定预设值

预设值是为了使用者方便，系统预先定义的一组物理属性值。通过设置预设值，可以快速调整面料的外观。4.0版本相比之前的版本有了更多预设值，包括棉布、牛仔布、衬布、针织、皮革、亚麻、薄纱、尼龙、聚酯纤维、丝绸、羊毛11大类，如图3-79所示，下面简单介绍这些预设值。

Default_for_Simulation（基本物理属性）：利用基本物理属性可以快速进行模拟；

Cotton_14_Wale_Corduroy：14条全棉灯芯绒；

Cotton_40s_Chambray：40支全棉青年布（用单色经纱和漂白纬纱或漂白经纱和单色纬纱交织而成的棉织物）；

Cotton_40s_Poplin：40支全棉府绸；

Cotton_40s_Stretch_Poplin：40支全棉弹力府绸；

Cotton_50s_Poplin：50支全棉府绸；

Cotton_Canvas：帆布；

Cotton_Gabardine：全棉华达呢；

Cotton_Heavy_Canvas：重磅帆布；

Cotton_Heavy_Twill：重磅斜纹棉布；

Cotton_Oxford：牛津布；

Cotton_Sateen：缎纹棉布；

Cotton_Stretch_Sateen：弹力缎纹棉布；

Cotton_Twill：斜纹棉布；

Cotton_Voile：棉纱布；

Denim_Lightweight：轻质牛仔布；

Denim_Raw：粗糙原牛仔布；

Denim_Stretch：弹力牛仔布；

Interlining_Acetate：黏合衬；

Interlining_Polyester_Satin：涤纶缎衬；

Knit_Cotton_Jersey：平纹针织棉布；

Knit_Cotton_Rayon Jersey：人造丝针织棉布；

Knit_Fleece_Terry：毛圈针织布，卫衣布料；

Knit_Pique_Jersey：针织珠地布；

Knit_Ponte_Jersey：螺纹针织布；

Knit_Terry：针织毛巾布；

Leather_Cowhide：牛皮；

Leather_Lambskin：羊皮；

Linen：亚麻布；

Muslin_20s：20支纱布；

Muslin_30s：30支纱布；

Muslin_60s：60支纱布；

Muslin_Canvas：薄帆布；

Muslin_Oxford：薄牛津布；

Nylon_Canvas：尼龙帆布；

Nylon_Featherweight：超轻尼龙；

Nylon_Matte：磨砂尼龙；

Polyester_Taffeta：涤纶塔夫绸；

Silk_Charmeuse：真丝素绉缎；

Silk_Chiffon：真丝雪纺；

Silk_Crepede_Chine：真丝双绉；

Silk_Double_Georgette：双绉乔其；

Silk_Duchess_Satin：真丝双绉缎；

Silk_Faille：真丝罗缎；

Silk_Knit_Jersey：真丝平纹针织；

Silk_Organza：真丝欧根纱；

Silk_Taffeta：真丝塔夫绸；

Trim_Full_Grain_Leather：硬挺皮革；

Trim_Fusible_Rigid：硬挺材质的物理属性；

Trim_Hardware：硬质辅料；

Wool_Coatweight：厚毛呢，外套用面料；

Wool_Melton：麦尔登呢；

Wool_Super_120s：120超高支毛呢。

（二）调整细节属性

预设值以外的物理属性可以在属性窗口的细节栏里调整。用鼠标拖动"物体窗口>属性窗口>物理属性>细节"属性值后面的滚动条或直接输入准确数值都可以调整细节属性值。细节属性可以相互间影响，全部属性值综合表现出服装的物理属性。

1.调整纬向强度、经向强度和对角线张力

纬向强度、经向强度、对角线张力可以表现以板片窗口为基准，面料在水平、垂直、对角线方向受到的伸缩反弹力。当对角线张力与经纱、纬纱强度同比例增长时，可表现出如牛仔、棉等容易出皱的面料。相反，当对角线张力与经纱、纬纱强度同比例减少时，可表现出丝、针织等容易拉伸的面料。

2.调整经纱弯曲强度、纬纱弯曲强度

通过修改弯曲强度来调整织物的硬挺程度。数值越大，面料越硬，如牛仔布和皮革一样。数值越小，面料的悬垂度越好，如同真实面料一样，可以设置经纱和纬纱两个方向的弯曲强度。图3-80所示为增加纬纱或经纱弯曲强度后的不同效果。

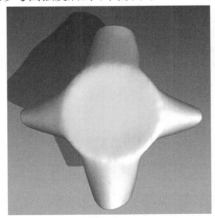 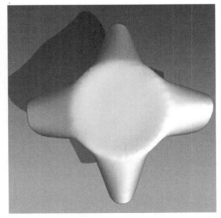

通过纬纱（水平）弯曲强度表现属性　　　　　　通过经纱（垂直）弯曲强度表现属性

图3-80 增加经纬纱弯曲强度

3.调整经纱变形率和纬纱变形率

反映面料在外力作用下弯曲后的形态。变形率越接近于100%，面料越容易弯曲，就像丝绸和针织面料。相反，变形率越接近0，面料弯曲性能越小，就像牛仔布和羊毛面料，如图3-81所示。在改变面料的悬垂效果方面，此功能不如纱线强力和弯曲强度。

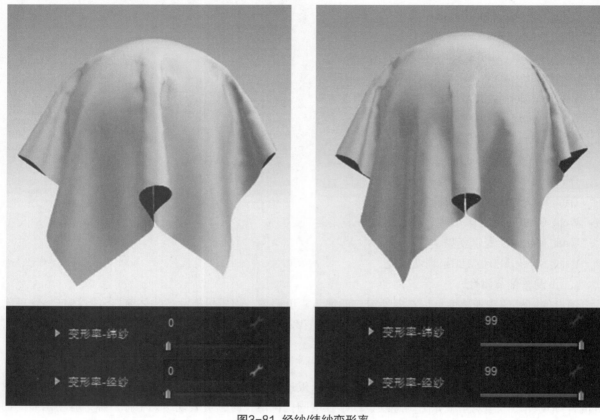

图3-81 经纱/纬纱变形率

4.调整经纱变形强度和纬纱变形强度

调整变形强度的百分比来决定织物各个角的弯曲强度，一般和"弯曲强度-纬向/经向"一起使用。比如，当弯曲强度值为"60"时，输入变形强度为"80"，则弯曲部分的实际弯曲强度是表面值的80%，也就是"48"。变形强度越高，面料棱角越不易弯曲，相反则变形强度越低，面料越容易弯曲，如图3-82所示。

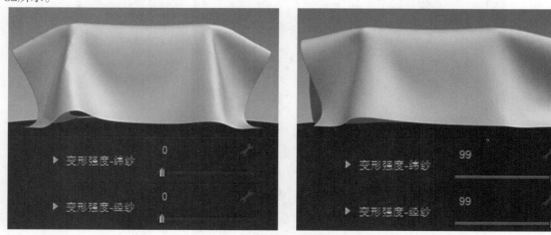

图3-82 调整经纱/纬纱变形强度

5.调整内部Damping（阻力）

用于影响服装抖动速度。内部阻力数值越高，服装抖动速度越慢，就好像服装在水中一样；内部阻力数值越低，服装抖动速度越快。调整该数值对模拟服装影响并不大，制作服装动画发生抖动时，可以调整内部阻力。

6.调整密度

密度指单位面积的面料重量，值越大布料越重。

7.调整摩擦系数

摩擦是指服装与人体等其他物体表面相对移动时的摩擦力。

8.打开和保存面料

调整好的面料细部属性值可以用zfab格式的文件保存。单击"物体窗口>织物>属性窗口>织物>"按保存键 ![保存] 来保存面料文件，按打开键 ![打开] 加载保存的织物数据。

9.调整布料冲突厚度

设定3D服装窗口布料的模拟厚度，用于服装冲突处理，虽然肉眼无法看见，但可以保证模拟稳定。在2D板片窗口或3D服装窗口中选择板片，在属性窗口"模拟属性>增加厚度-冲突（毫米）"栏里输入值就可以调整冲突厚度，如图3-83所示。

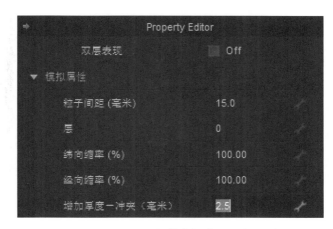

图3-83 调整布料冲突厚度

10.调整布料渲染厚度

要看到渲染厚度，必须在3D服装窗口左上角的快捷工具中打开浓密纹理表面。在2D板片窗口或3D服装窗口中选择板片，在属性窗口"模拟属性>增加厚度-渲染（毫米）"栏里输入值就可以调整渲染厚度，如图3-84所示。渲染厚度只能在CLO 3D/MD里面看得见，如果导出到别的3D软件上打开时，厚度信息就会消失。

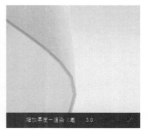

图3-84 调整布料渲染厚度

（三）面料测试仪

为了方便使用者将真实面料的物理属性输入到系统中，CLO公司开发了用于测试面料物理属性的面料测试仪，使用者将测试的面料物理属性值输入系统后，可以得到比较接近真实感觉的面料模拟效果。单击系统窗口右上角的"SIMULATION"，在下拉菜单中选择"EMULATOR"，如图3-85所示。然后按照要求和说明，使用面料测试仪测试面料的物理属性即可。具体测试方法请参考CLO公司提供的说明材料。

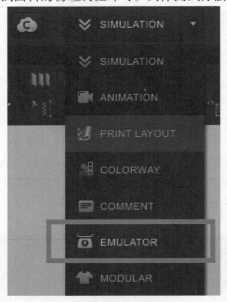

图3-85 选择面料测试仪功能

四、创建贴图

在板片的指定部分里插入图像，一般用于印花、绣花或品牌Logo的使用。

1.插入图像

（1）在3D服装窗口或2D板片窗口单击【贴图】按钮 ，然后在弹出的"打开文件"对话框中选择插入的图像，单击"打开"，如图3-86所示。

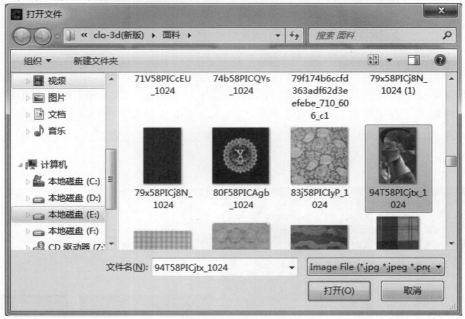

图3-86 打开文件

（2）在板片上面单击鼠标，弹出"增加贴图"对话框，输入宽度和高度，生成贴图，如图3-87所示。

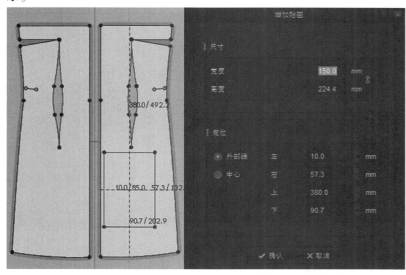 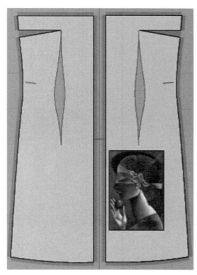

图3-87 插入贴图

（3）同时，3D服装窗口的服装上面显示图像，如图3-88所示。

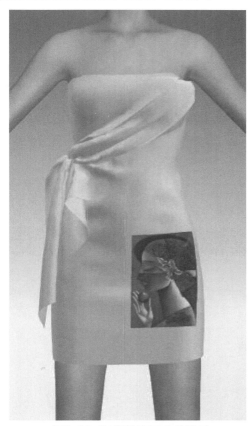

图3-88 3D服装窗口中的显示

2.编辑贴图

选择【调整贴图】工具 ，单击板片上的贴图，生成编辑器，通过对编辑器的操作可以对贴图进行位置拖动、放缩、旋转等操作，如图3-89所示。

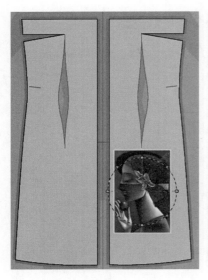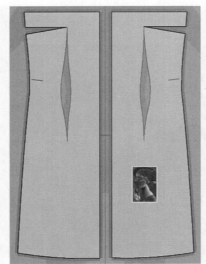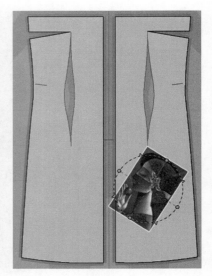

图3-89 编辑贴图

3.删除Print纹理

利用【调整贴图】工具选择贴图，然后按键盘上的"Delete"键删除。

第六节 模拟

一、模拟功能

在模拟时，3D服装窗口的服装会根据重力值进行模拟，如果没有虚拟模特或者服装没有缝合，模拟时服装会掉到地面上。因此，模拟前，需要有虚拟模特或者其他物体，板片间也需要设定缝纫线。

1.模拟

单击3D服装窗口的【模拟】按钮 。

2.实时修正设计

修正2D板片窗口的板片，打开【模拟】按钮 ，板片就会直接反映在3D服装窗口，可以实时修正设计，如图3-90所示。

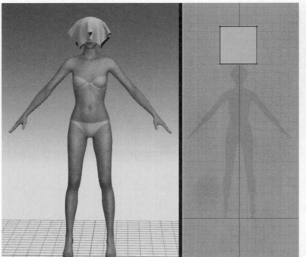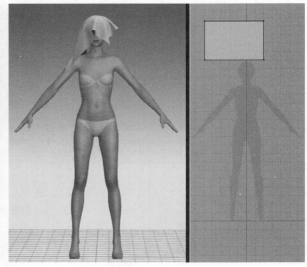

图3-90 实时修正设计

3.显示帧速率

（1）主菜单选择"显示>环境>显示帧速率"。

（2）在3D服装窗口左下角可以确认模拟分析的速度。"FPS(frames per second)"值越大表示模拟速度越快，如图3-91所示。

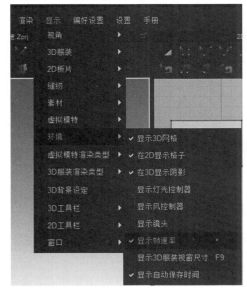

图3-91 显示帧速率

4.拖拽服装

在模拟状态下，可以通过鼠标拖拽服装的某一部分，调整服装穿着状态，实现交互。英文输入法下按住"W"键并拖动，可以将服装或面料拖动到所需位置，并出现粉红色固定针，起到固定位置作用，如图3-92所示。

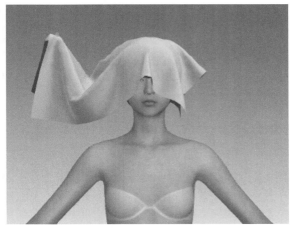

图3-92 拖拽服装

5.使用图层

板片或服装重叠在一起时，可以通过设置图层区分外层和里层的服装或板片，便于准确模拟。利用这个功能可以使口袋、扣子等外层部件，模拟时顺利地显示在服装外面。此功能还可以实现多层服装的套穿，如在连衣裙或衬衫外面穿上大衣。

（1）设定图层

选择板片后，在"属性窗口>模拟属性>层"栏里输入值。基本图层值是"0"，表示最里面的板片。按图层的值可以排列服装穿着顺序，如图3-93所示。

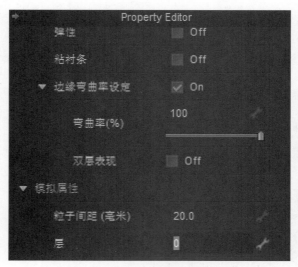

图3-93 层的使用

（2）追加项目/服装

主菜单中选择"文件>添加>项目/服装"，打开外套。选择外套的所有板片，在属性窗口输入层值为"1"。单击【模拟】工具 ⬇ ，外套被穿在外面。

二、调整粒子间距

粒子间距（Particle Distance）是指构成板片各点之间的平均距离，表示网格的大小。粒子间距可以影响服装的品质和模拟速度，因此制作服装，给虚拟模特穿着的过程中，可以设定粒子间距为"20～30mm"，以便于快速模拟服装。制作服装完毕，可以调整粒子距离为"5mm"或"10mm"，提高服装的模拟品质。图3-94中，分别为粒子距离为"20"和"5"的情况。

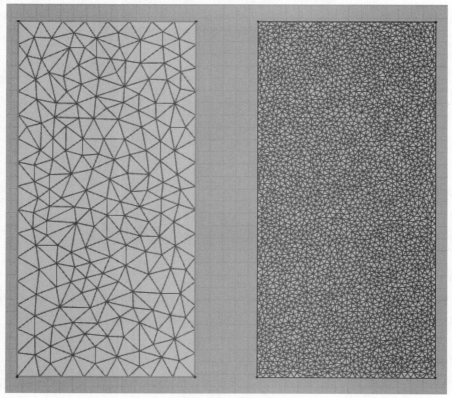

图3-94 调整粒子间距

选择板片，然后在"属性窗口>模拟属性>粒子间距（毫米）"栏里输入"3 ～ 700"的值，如图3-95所示。然后单击【模拟】按钮即可。

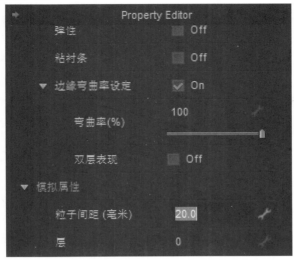

图3-95 调整粒子间距

三、调整冲突厚度

冲突厚度有助于服装在模拟时，不会出现虚拟模特透过服装的现象。冲突厚度以板片为中心，两侧各"1.5mm"，共3mm。降低厚度值，可以制作出跟虚拟模特贴身的服装，提高厚度值，则可以当作充填材料使用。

ClO3D系统的虚拟模特也设定了"3mm"的厚度。为了制造紧身服装，调整模拟厚度的同时，最好也要调整虚拟模特厚度。选择板片，然后在"属性窗口>模拟属性>增加厚度-冲突（毫米）"栏里调整模拟厚度值，如图3-96所示。

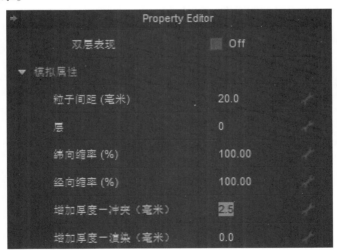

图3-96 调整冲突厚度

四、显示服装合体性（fitting）信息

1.显示压力分布

压力是使布料变形的力量。虚拟模特穿着服装时，肩部、胸部等与服装紧密接触的部位会产生压力。另外，虚拟模特移动时也会引起压力。压力大小的程度可以用颜色和数字表示。分布图可以在一定程度上帮助用户分析服装是否合体。

将鼠标悬停于3D服装窗口左上角快捷工具栏的第三个图标，然后单击压力图图标 ，或者单击菜单"显示>服装试穿图>压力图",虚拟服装以压力图显示,如图3-97所示。未受到外界压力的部分将变为绿色,压力越大,受压力的部分显示越接近红色。鼠标在模拟服装上单击时,会显示此点的压力值。

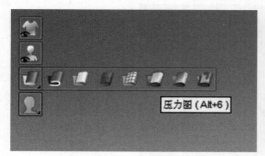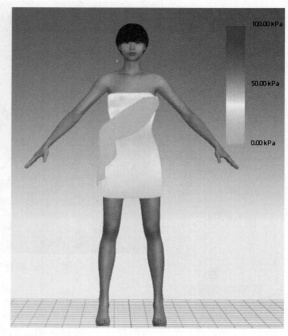

图3-97 显示压力分布

2.显示应力分布

将鼠标悬停于3D服装窗口中左上角快捷工具栏的第三个图标,然后单击应力图图标 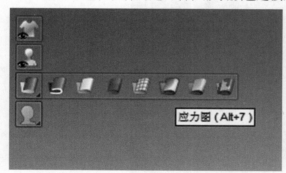 ,或者单击菜单"显示>服装试穿图>应力图"。应力图显示了虚拟服装由于外部压力作用下造成的拉伸。没有拉伸的部分显示为绿色,拉伸得越厉害,服装颜色越接近红色,如图3-98所示。

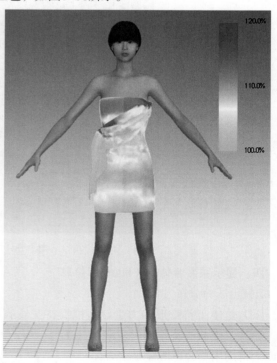

图3-98 显示应力分布

五、显示压力点（Pressure Points）

用点表示虚拟模特和服装的接触点。

1. 显示压力点

将鼠标悬停于3D服装窗口中左上角快捷工具栏的第一个图标，然后单击应力点图标 ，如果没有压力点显示，则需要单击【模拟】工具。

2. 显示/隐藏针

显示或隐藏用"W"键生成的针。将鼠标悬停于3D服装窗口中左上角快捷工具栏的第一个图标，然后单击显示针图标 ，或者在主菜单"显示>3D服装>显示针"，可以显示或隐藏生成的针，如图3-99所示。

图3-99 显示/隐藏针

六、渲染

渲染功能可以保存具有真实细节及阴影效果的高质量服装图片。单击主菜单"渲染>渲染"，则打开"Render"窗口，如图3-100所示。单击"单击此处激活渲染"按钮 ，将虚拟模特和服装同步到渲染窗口，然后单击按钮 开始渲染，渲染过程需要一定时间，可从蓝色进度条观察进度，按钮 可暂停渲染，最后渲染结束后可单击按钮 导出图片。

图3-100 渲染窗口

第七节　动态展示

静态的服装制作完毕后，有时需要将服装进行动态展示，动态展示的效果更加直观。

一、录制动态展示动画

1.录制

（1）单击"文件> 打开> 连接点动作"，弹出打开文件对话框，打开虚拟模特的动作文件(*.mtn)。CLO3D系统自带了多个男女模特的T台动作文件，用户可以自己选择。

（2）打开动作文件后，会弹出对话框，单击"确认"，则3D服装窗口的虚拟模特移动到T台开始的姿势，如图3-100所示。

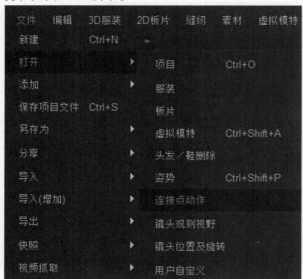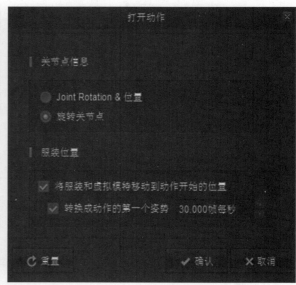

图3-101 打开动作文件

（3）单击系统界面右上角的下拉按钮 ，选择弹出按钮中的"ANIMATION"按钮 ，在弹出的"information"对话框中根据电脑配置情况选择"确认"或直接关闭，因为"完成"模式会使服装更真实，但会导致电脑运行变慢，如图3-102所示。

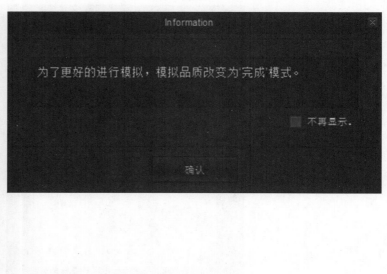

图3-102 打开动画录制

（4）进入动画录制界面单击【录制】按钮，开始录制动画，再次单击按钮结束录制，动作结束时录制也会自动终止。录制过程中的展示如图3-103所示。

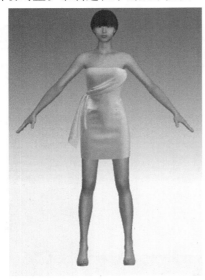

图3-103 录制动画

2.录制设定

（1）录制之前可以设置服装的模拟品质。单击主菜单"3D服装>提高服装品质/降低服装品质"，弹出"高品质属性/低品质属性"对话框，可以对"粒子间距、板片厚度-冲突、虚拟模特表面间距、模拟品质"进行设置。若将模拟品质更换成"完成"，在完成状态下的模拟次数增加了，虚拟模特和服装处理的更加精细逼真，当然录制动画的速度也相对较慢。

（2）单击主菜单"偏好设置>模拟属性"，在属性窗口勾选"模特-服装冲突检测"下的"三角形-顶点"，则虚拟模特和服装将进行更加精密的冲突处理，使模拟效果更加逼真，如图3-104所示。

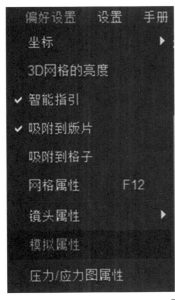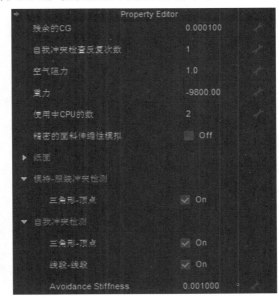

图3-104 模拟属性设置

二、动画播放及编辑

动态展示的动画播放和编辑可以在动画状态下进行。

71

（一）动画播放

（1）通过系统界面右上角的 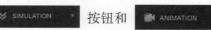 按钮和 ⬛ ANIMATION 按钮切换模拟界面和动画界面。动画界面如图3-105所示。

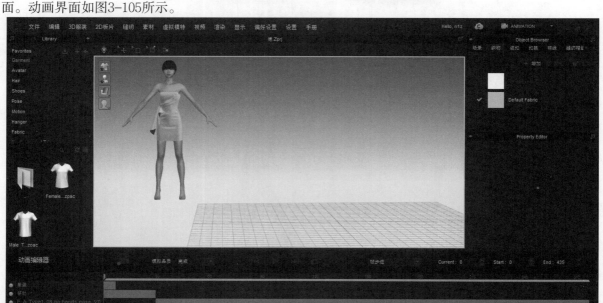

图3-105 动画状态界面

（2）利用动画状态上面的工具栏可以播放动画，如图3-106所示。

图3-106 播放工具栏

（3）各动画播放工具如下。

⬛ 倒回最前：移动到播放领域的开始点；

⬛ 播放：开始播放；

⬛ 到最后：移动到播放领域的最后点；

⬛ 反复：把播放领域反复播放；

⬛（Frame Stepping / Real Time）：播放单位更换成帧或秒为单位；

⬛：更换播放速度；

Start: 0 ：动画开始的帧；

Current: 159 ：动画当前所在帧；

End: 435 ：动画结束的帧。

（二）动画编辑

使用窗口下方的动画编辑器，可以对录制的动画进行简单的编辑。

1.时间轴选择

录制的动画中有3条红色的时间轴：第一条时间轴管理着服装的动作；第二条时间轴管理着虚拟模特的过渡动作；最后一条时间轴管理着虚拟模特的动作。

用鼠标单击某条时间轴前面的单选按钮时，可以选择播放或者不播放此条时间轴管理的动作，其中不播放的时间轴显示为灰色。

2.播放区域选择

时间线上的蓝色栏是播放领域。蓝色栏的两端可以按住鼠标进行移动，以确定播放区域。保存视频时，也可以只保存选择好的播放区域。如图3-107所示，鼠标放在蓝色栏的端点处会变成红色圈内所示的图标，按住鼠标进行拖动即可确定播放区域。

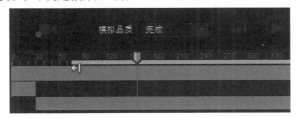

图3-107 设定播放区域

3.删除动画

如果需要删除已录制好的动画，可以用鼠标左键单击要删除动画的红色时间轴，单击右键选择删除选项。注意删除动画后不能用撤销键恢复。

4.动画打开/保存

想要保存动画，则单击"文件>另存为>项目"，可将动画和服装一起保存为(*.Zprj)项目文件。打开动画时，首先在文件中打开已保存好的款式项目文件(*.Zprj)，然后单击 ▣ ANIMATION 按钮即可。

5.动画导出

录制的动画可以导入Maya、3D Max等其他3D软件，使用这些软件进行渲染，可以得到更加真实、高质量的动画。单击菜单"文件>视频抓取>视频"即可录制动画，初次使用该功能时需要安装视频解码器。选择里面的具体功能，就可以将视频导出为需要的格式。

第四章 CLO 系统应用实例

第一节 女士内衣

内衣是现代女性不可缺少的贴身衣物。本节介绍的内衣指文胸。内衣的成品尺寸如表4-1所示，结构图如图4-1所示，最终三维效果如图4-2所示。

表4-1 内衣成品尺寸　　　　　　　　　　　（单位：cm）

号型	胸围	下胸围	背长	杯宽	下杯高
165/70B	80	70	39	19.5	8.5

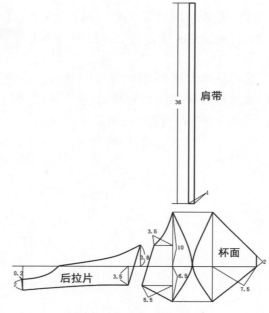

图4-1 内衣结构图

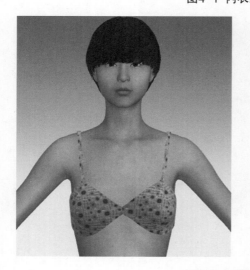 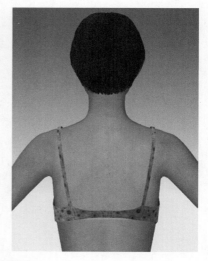

图4-2 三维效果图

74

一、准备工作

导入内衣DXF文件，选择【调整板片】工具，将板片排列如图4-3所示。

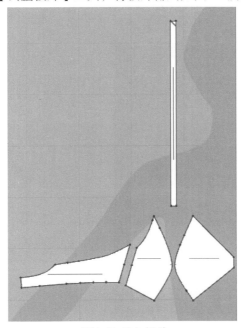

图4-3 导入板片

选择菜单"虚拟模特>虚拟模特编辑器"，然后在弹出的对话框中选择虚拟模特尺寸选项卡，将虚拟模特的高度（身高）设置为"165cm"，胸围设置为"80cm"。

二、缝合板片

1.缝合当前板片

选择【自由缝纫】工具，先缝合左右杯面，再分别缝合杯面与后拉片、肩带与杯面，最后缝合肩带与后拉片，如图4-4所示。

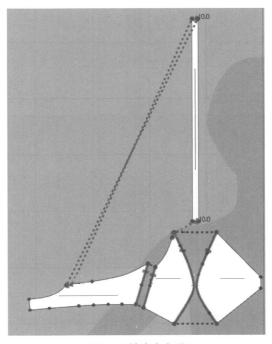

图4-4 缝合各部位

75

2.复制板片

选择【调整板片】工具，框选全部板片，在板片上单击鼠标右键，选择弹出菜单中的"对称板片（板片和缝线）"，移动鼠标则做出对称的左身板片，然后按着"Shift"键，水平移动放置形成对称的板片，如图4-5所示。

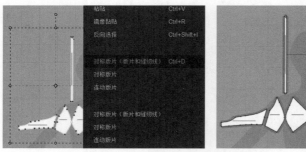

图4-5 复制对称板片

3.缝合剩余板片

步骤2中的板片在形成对称板片时自动将缝纫线对称，因此只需缝合前中和后中即可。然后选择【线缝纫】工具，缝合前中和拉片后中，如图4-6所示。

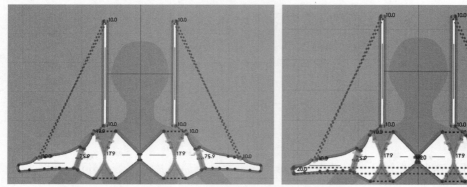

图4-6 缝合剩余板片

三、虚拟试衣

1.重设2D板片位置

由于制板软件的不同，导入到CLO 3D的板片可能比较杂乱，在板片窗口排列好板片后，3D服装窗口的板片需要进行重设。在3D服装窗口中按"Ctrl+A"全选所有板片，然后点击鼠标右键选择"重设2D板片位置（选择的）"，则板片窗口中的板片同步显示到3D服装窗口，如图4-7所示。

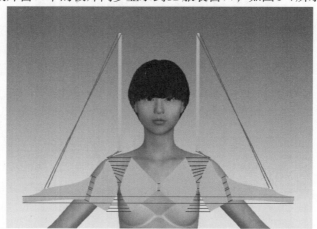

图4-7 重设2D板片位置

2.安排板片

鼠标放在3D服装窗口左上角快捷工具的第二个图标上，在弹出的图标中选择第二个【显示安排点】工具，显示出安排点。如果安排点不合适，可以单击"虚拟模特>虚拟模特编辑器>安排>安排板> ▇ 适用于虚拟模特（全部）"功能按钮，安排点会自动调整到适合虚拟模特身高的位置，然后关闭虚拟模特编辑器即可。单击任意一片后拉片，然后点击安排点，则左右后拉片均安排在身体周边。完成安排后如图4-8所示。

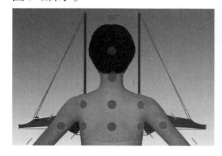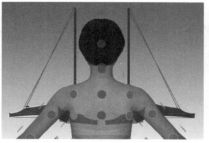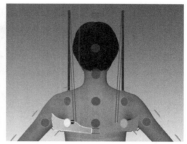

图4-8 安排左右后拉片

分别单击肩带，然后点击安排点，将肩带安排在身体周边。最后单击【显示安排点】工具，隐藏安排点后，如图4-9所示。

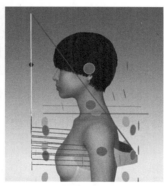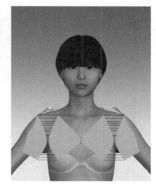

图4-9 安排肩带及隐藏安排点

3.模拟

单击【模拟】工具，同时可以通过鼠标左键拖拽调整，模拟完成后，再次单击【模拟】工具，结束模拟，得到虚拟试衣效果，如图4-10所示。

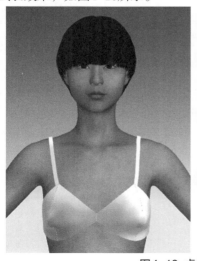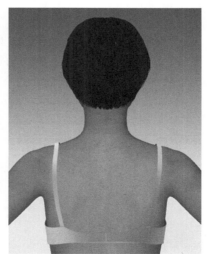

图4-10 虚拟试衣效果

四、板片调整属性

1.调整属性

在物体窗口增加一个织物类别并命名为"肩带"。点击【调整板片】工具，选择肩带板片，在属性窗口的"织物>织物"中选择"肩带"。然后再次选择物体窗口中的织物类别"肩带"，在属性窗口的"物理属性>预设"中选择"Knit_Ponte_Jersey"，将"物理属性>细节>经纱-强度"栏里，数值改为"30"，收紧肩带。最后在物体窗口选择"Default Fabric"织物类别，将属性窗口的"物理属性>预设"选为"Knit_Ponte_Jersey"，属性调整如图4-11所示。

图4-11 调整肩带及板片属性

2.调整粒子间距

选择【调整板片】工具，框选所有板片，将属性窗口中的"模拟属性>粒子间距"栏里输入"10"，调整后的试衣效果如图4-12所示。

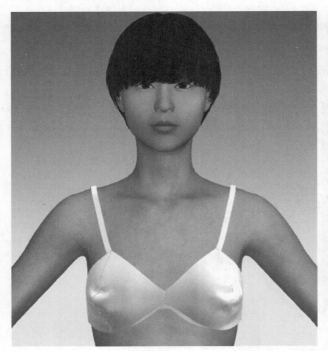
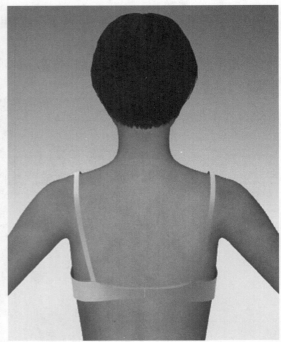

图4-12 调整属性后的试衣效果

五、添加面料

在物体窗口，选择"Default Fabric"织物类别，然后在属性窗口中的"属性>纹理"栏里选择要打开的面料，如果有法线贴图，则可以在"属性>法线贴图"栏里选择要打开的法线贴图。"肩带"的面料设置方法与上相同，如图4-13（a）所示。添加面料后板片窗口效果及3D服装窗口效果如图4-13（b）所示。

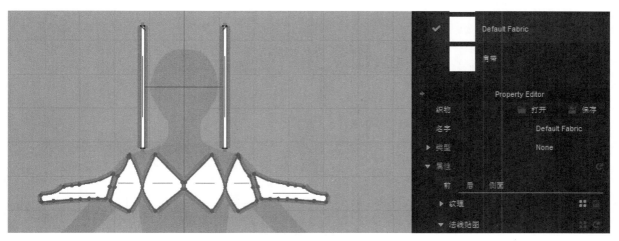

图4-13（a）添加面料

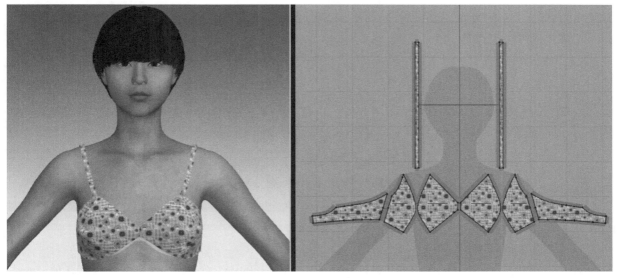

图4-13（b）添加面料后板片窗口及3D服装窗口效果

第二节　女士衬衫

女士衬衫的款式很多，本节介绍的女士衬衫为经典款式。其成衣尺寸数据如表4-2所示，结构图如图4-14所示。读者可以根据结构图在二维CAD软件中制板导出DXF文件，或者直接使用本书提供的DXF文件。最终三维效果如图4-15所示。

表4-2 号型为160/84A的成衣尺寸数据表 （单位：cm）

部位	衣长	胸围（B）	腰围	背长	领围（N）	肩宽（SW）	袖长	半袖口
尺寸	64	92	80	38	38	37	54	12

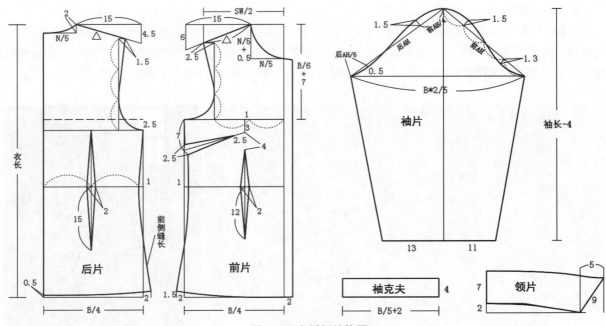

图4-14 女衬衫结构图

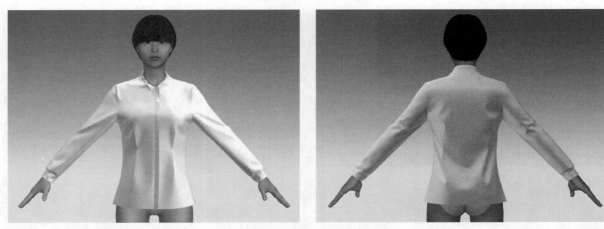

图4-15 女衬衫最终效果图

一、准备工作

在主菜单中选择"文件>导入>DXF>打开",导入女衬衫的DXF文件,导入的单位为默认值"mm"。如果导入的板片是水平放置的,在板片窗口中,框选所有的板片,单击右键,然后在弹出的菜单中选择"旋转>顺时针/逆时针",将板片竖直放置。最后选择【调整板片】工具 ◢,移动板片,移动后如图4-16所示。

选择菜单"虚拟模特>虚拟模特编辑器",在弹出的对话框中,将3D服装的高度(身高)设置为"160",胸围设置为"84",手臂长度设置为"52"。

二、绘制领片翻折线及省道

1.绘制领片翻折线

选择【内部多边形/线】工具 ⬜ 绘制翻领翻折线。按着"Ctrl"键,先在领中线距离下领口弧线约25mm处位置单击确定起始点,然后在翻领内部单击确定另外一点,最后在结束位置双击左键,确定最后一点,完成翻折线绘制。

在翻折线选中的状态下(如果不在选中状态,可以使用【编辑板片】工具选中),将"属性窗口>折叠>折叠角度"栏里的折叠角度设置为"360°",如图4-17所示。

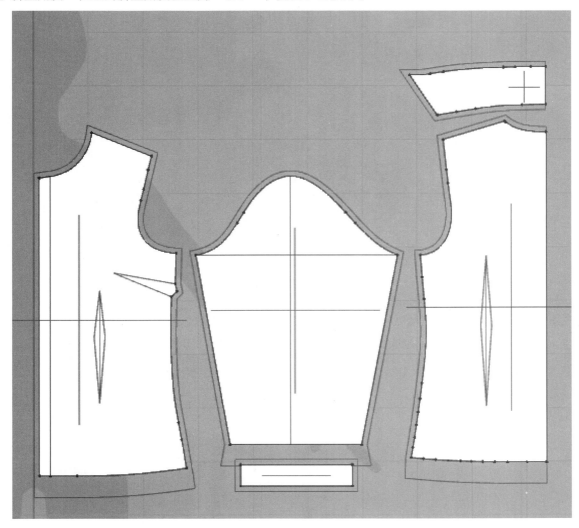

图4-16 导入板片

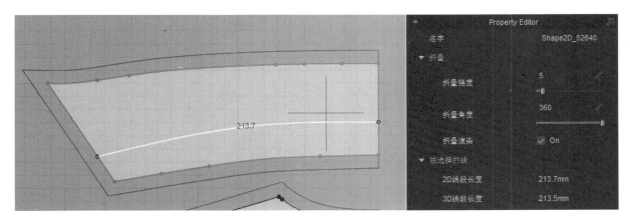

图4-17 绘制领片翻折线

2.制作腋下省

选择【编辑板片】工具 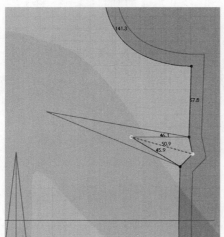，选中省中间点，按住不放进行拖动，拖到省尖点位置，如图4-18所示。

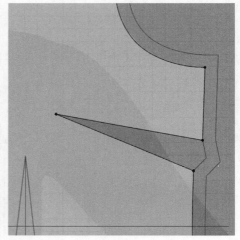

图4-18 制作腋下省

3.制作腰省

选择【省】工具 ![省工具]，拖动至腰省位置绘制出腰省，选择【编辑板片】工具，移动省的四个点到合适位置，制作出前片的腰省，如图4-19所示。以同样的方法制作出后片的腰省，如图4-20所示。

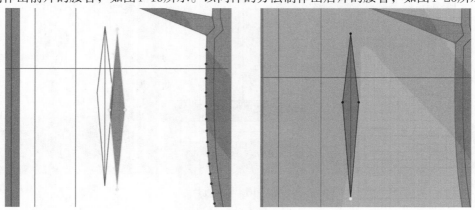

图4-19 制作前片腰省

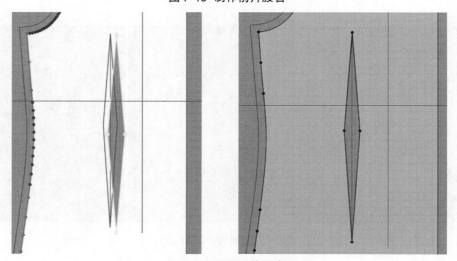

图4-20 制作后片腰省

三、缝合板片

1.缝合省道

选择【线缝纫】工具 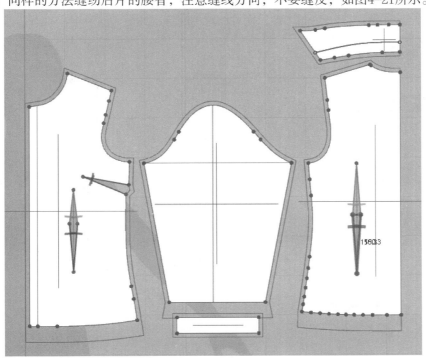 ，依次单击胸省的两条省线，然后再分别单击前片腰省线的上边两条线及下边两条线，同样的方法缝纫后片的腰省，注意缝线方向，不要缝反，如图4-21所示。

图4-21 缝合省道

2.缝合肩线

选择【线缝纫】工具 ，依次单击前后片的肩线，缝合肩线如图4-22所示。

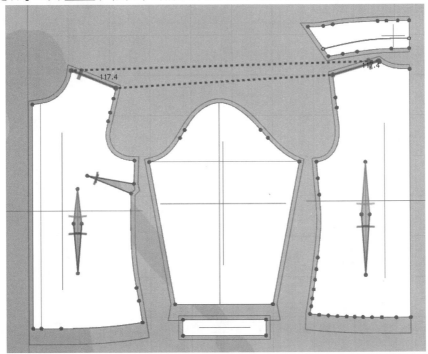

图4-22 缝合肩线

3.缝合侧缝

选择【自由缝纫】工具 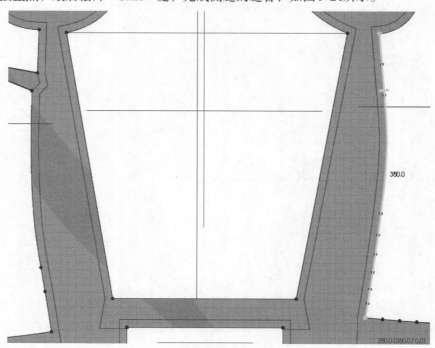，将后片的一条侧缝线与前片的两条侧缝线缝合，这属于一对多缝合。先单击后片腋下点，再单击后片下摆止点，然后按住"Shift"键，此时缝线变成黄绿色，如图4-23所示。接着单击前片腋下点，再点击腋下省上边线与侧缝线的交点，然后点击腋下省下边线与侧缝线的交点，再点击前片下摆止点，最后松开"Shift"键，完成侧缝的缝合，如图4-24所示。

图4-23 自由缝纫中的一对多缝合

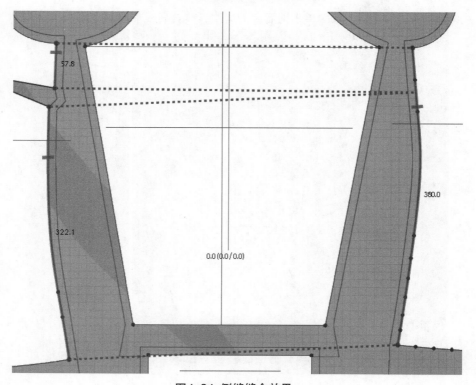

图4-24 侧缝缝合效果

4.缝合袖片

选择【线缝纫】工具 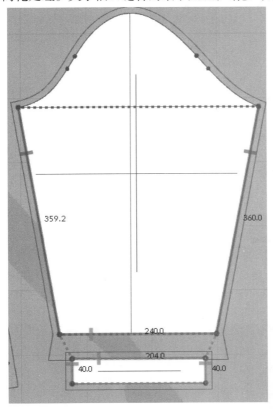，分别将袖片与袖克夫缝合，袖侧缝缝合，袖克夫侧缝缝合，如图4-25所示。本章对袖口的缝合做了简化处理。关于袖口缝合的细节处理，请参考第五章中的相关内容。

图4-25 缝合袖片

5.缝合袖窿

使用【自由缝纫】工具，将前袖山弧线与前袖窿弧线缝合，后袖山弧线与后袖窿弧线缝合，如图4-26所示。

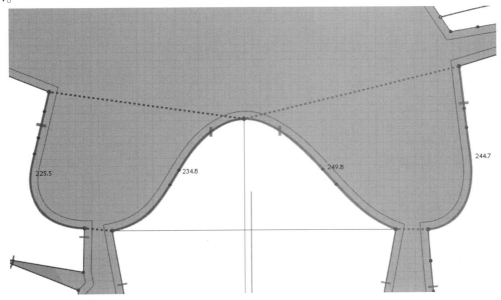

图4-26 袖窿部分缝合

6.展开板片

选择【编辑板片】工具 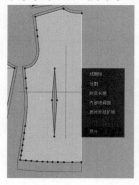，单击后中线，然后在线上单击右键，选择弹出的菜单中"展开"选项，如图4-27所示。以同样的方法展开领片。

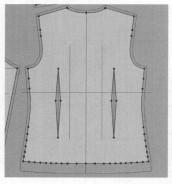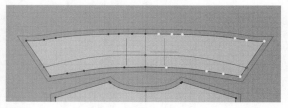

图4-27 展开板片

7.对称板片

选择【调整板片】工具 ，框选前片、袖片及袖克夫，单击鼠标右键，在弹出的菜单中选择"对称板片（板片和缝纫线）"，然后按住"Shift"键，移动鼠标，形成对称的右袖片、袖克夫和右前片，在合适位置点击鼠标左键，将形成的对称板片放到合适位置，此时可以看到具有连动关系的板片的轮廓线为蓝色，如图4-28所示。由于这样形成的对称板片具有连动关系，所以缝纫线迹部分也形成对称，如图4-29所示。

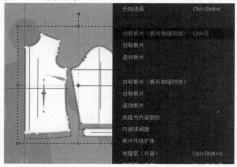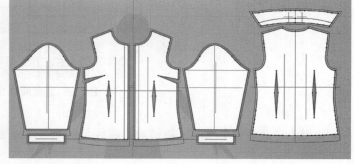

图4-28 对称板片

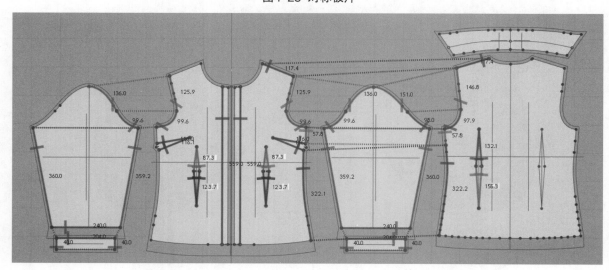

图4-29 对称出的缝合线

8.缝合剩余板片

将后片省线，前后肩线，侧缝线，袖片与后袖窿都分别缝合好，如图4-30所示。

选择【自由缝纫】工具，将领片与前后片领弧线缝合。首先从领片下领弧线中点开始，用鼠标点击领片下领弧线中点，然后点击下领弧线右端点，按住"Shift"键，此时缝线变成黄绿色，接着用鼠标依次点击后片领口弧线中点、后片右侧颈点、右前片侧颈点、右前片前颈点，松开"Shift"键，从而完成右半领片与衣身的缝合。继续使用同样方法完成左半领片的缝合，如图4-31所示。

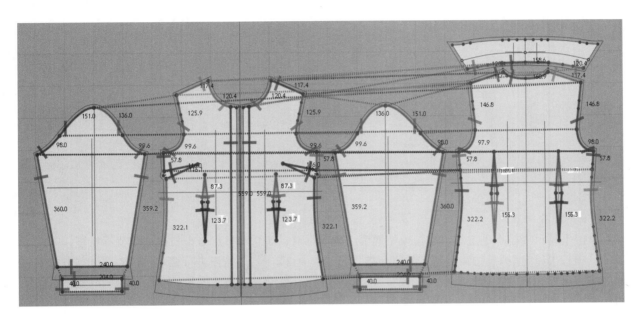

图4-30 缝合板片上其他部分

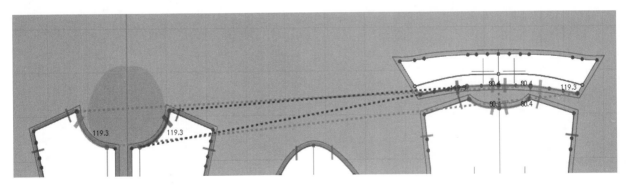

图4-31 缝合领片

四、虚拟试衣

1.重设2D板片位置

如果3D服装窗口中的板片位置与2D板片窗口中的板片排列位置不同，则在3D服装窗口按"Ctrl+A"全选所有板片，右键选择"安排>重设2D板片位置（选择的）"，使3D服装窗口中的板片位置与2D板片窗口中的一致，如图4-32所示。

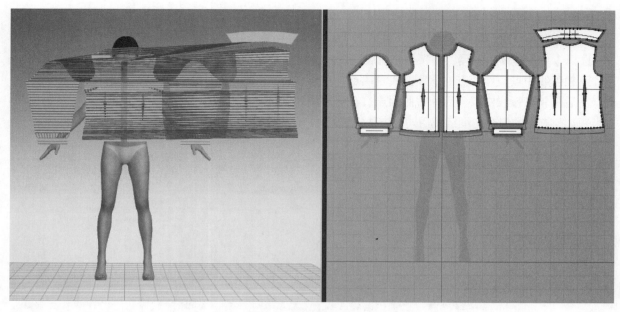

图4-32 板片在3D服装窗口中的显示

2.安排前片

单击【显示安排点】工具，虚拟模特周围出现安排点，如果安排点分布与虚拟模特不相符，则在菜单的"虚拟模特>虚拟模特编辑器"的"安排"选项卡中点击 ▇ 按钮进行调整。首先左键点击选中前片的右片向左边拖动，以便看到虚拟模特身前的安排点，然后左键点击虚拟模特右胸下方的安排点，使得前片安排到虚拟模特身前，如图4-33所示。

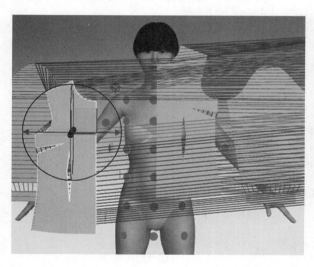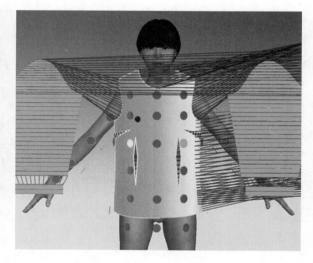

图4-33 安排前片

3.安排后片

在3D服装窗口的空白处单击鼠标右键，选择弹出菜单中的"后"或者按键盘数字键"8"，转到虚拟模特背面。选中后片时，后片轮廓变为黄色，然后用鼠标点击虚拟模特后背中间的一个安排点，则后片被安排在虚拟模特的后背位置。此时若感觉后片的位置不太合适，可以选中后片上的黄色方框进行拖动，也可以使用鼠标左键选中蓝色数轴进行拖动，将后片调整到满意位置，如图4-34所示。

88

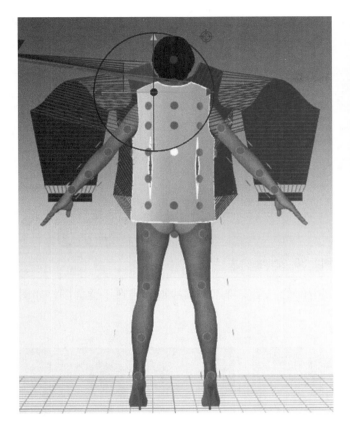

前	2
3/4左侧	3
后	8
左	6
右	4
3/4右侧	1

图4-34 安排后片

4.安排袖片

在3D服装窗口的空白处单击右键，选择弹出菜单中的"左"，如图4-35所示。

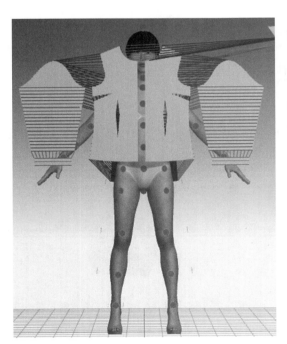

前	2
3/4左侧	3
后	8
左	6
右	4
3/4右侧	1
上	5
下	0
自定义视角	
坐标	▶

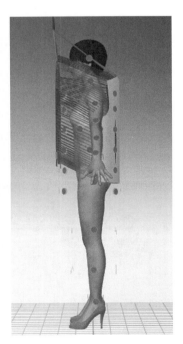

图4-35 左侧视图

用左键单击选择左袖克夫片，然后单击手腕外侧的安排点，袖克夫片被安排在手腕处，如图4-36所示。由于板片的连动关系，右袖克夫也自动被安排在手腕处。

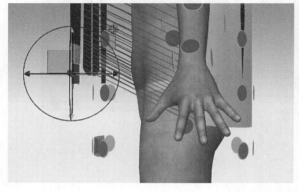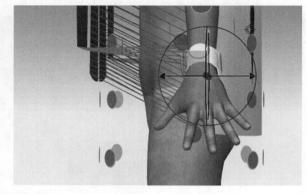

图4-36 安排袖克夫

左键单击选择左袖片，单击左手臂外侧中部的一个安排点，袖片被安排在手臂周围，如图4-36所示。同时右袖片也被自动安排在手臂周围。

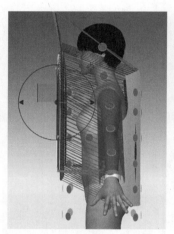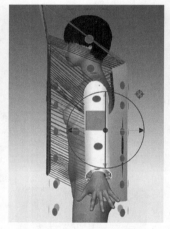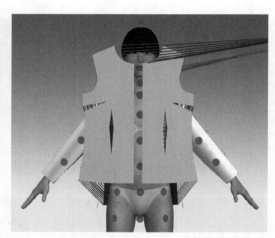

图4-37 安排袖片

5.安排领片

在3D服装窗口空白处单击右键，选择弹出菜单中的"后"。单击选择领片，然后单击后颈部的安排点，将领片安排在颈部周围，如图4-38所示。

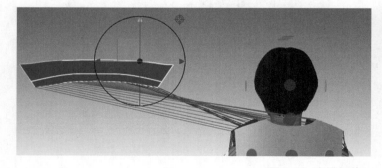

图4-38 安排领片

90

单击领片，在"属性窗口>安排>间距"栏调整间距的值，使领子更加贴合颈部，如图4-39所示。

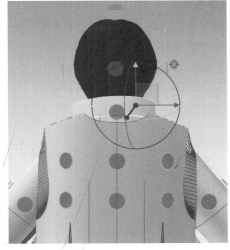

图4-39 颈部调整

五、领片调整

1.反激活领片及其缝纫线

在3D服装窗口中，左键点击领片并单击鼠标右键，在弹出的菜单中选择"反激活（板片和缝纫线）"，此时领片变为透明的紫色，如图4-40所示。由于领片需要沿翻领线翻折，较难操作，可以先对除领片以外的衣身进行模拟，待衣身模拟稳定后再进行领片的模拟。通过领片反激活操作，在打开【模拟】按钮后，系统不会对领片进行模拟，与领片相连的缝纫线也不会产生缝纫作用，如图4-41所示。

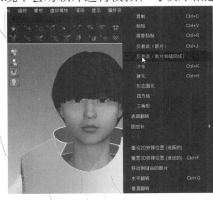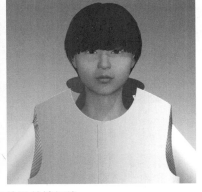

图4-40 反激活领片及其缝纫线

图4-41 初次模拟效果

2.激活领片

在3D服装窗口按"Ctrl+A"全选板片,按"Shift"键的同时点击领片,取消领片的选择。然后将鼠标放到被选中的衣身上单击右键,在弹出的菜单中选择"冷冻"。冷冻后的衣片为蓝色,如图4-42所示。模拟中,冷冻的衣片固定不动,便于领片的调整。

左键点击领片,单击右键选择"激活",则领片呈激活状态。点击【模拟】按钮,模拟领片,如图4-43所示。

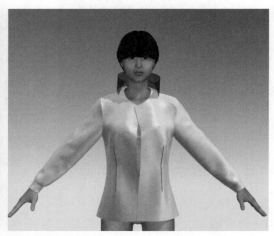

图4-42 衣片冷冻后的效果

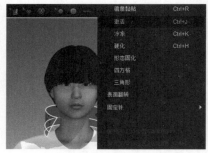

图4-43 模拟领片

3.调整领子

目前的领子没有完全沿翻领线翻折过来,需要在【模拟】状态下通过鼠标拖拽实现翻折。首先保证【模拟】按钮处于按下状态,然后在靠近右侧颈点位置,用鼠标左键选中领面部分向外和向下拖拽,经过多次拖拽,可以将右半部分领面向下翻折。如果多次拖拽后仍不能翻折,则可以在拖拽时按住"W"键,使用固定针辅助。完成右半部分翻折后,继续翻折左半部分,如图4-44所示。由于3D服装窗口是一个三维空间,在拖拽过程中,要考虑虚拟模特及3D服装的空间位置和整体的视角,以便于更快完成操作。

图4-44 领子的翻折

调整完领子之后，将领子的所有固定针删除，然后选择冷冻的衣片，点击鼠标右键并选择"解冻"按钮，将衣身解冻，再次按下【模拟】按钮进行模拟，如图4-45所示。

图4-45 解冻和模拟

六、缝合门襟

在第五章中详细介绍女衬衫的扣子部分，这里只简单使用内部线代替，进行缝合。

1.提取内部线

选择【勾勒轮廓】工具 ，单击左前片前中线，然后在线上单击右键，选择"勾勒为内部图形"，则提取出内部线，同时右前片的内部线也自动被提取，如图4-46所示。

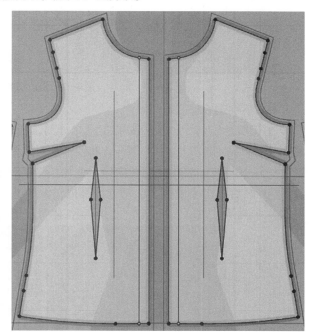

图4-46 提取内部线

2.缝合门襟

选择【线缝纫】工具，缝合两条内部线，在3D服装窗口单击【模拟】工具进行模拟。模拟完毕后，再次单击【模拟】工具停止模拟，虚拟试衣效果如图4-47所示。由于左右前片处于同一层上，系统比较难判断两个板片的上下关系，所以门襟处模拟的效果并不理想，但可以通过后面的步骤进行调整。

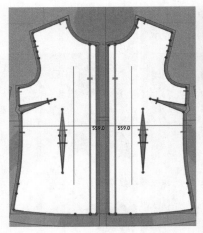

图4-47 缝合门襟后的虚拟试衣效果

3.调整属性

在3D服装窗口中，按住"Shift"键，依次单击右前片和领片，在"属性窗口>模拟属性>层"栏里将其改为"1"。然后单击【模拟】工具，试衣效果如图4-48所示。最后，在2D板片窗口或3D服装窗口选中右前片和领片，将层改回为"0"。

图4-48 修改层前后的试衣效果对比

4.调整纹理效果及粒子距离

在2D板片窗口中，板片是有正反之分的，板片朝向用户的一面为板片的正面，另一面为板片的反面。因此在3D服装窗口中，翻折后的领子的反面为灰色。通过调整3D服装的渲染类型可以改变领子的颜色，方法是将鼠标放在3D服装窗口左上角快捷菜单中的第三个按钮上，在弹出的按钮中选择"浓密纹理表面"，然后单击【模拟】工具进行模拟，虚拟试衣效果如图4-49所示，最后再次单击【模拟】工具停止模拟。当然，也可以通过缝合的顺序，使得领子的正面朝外。

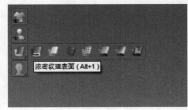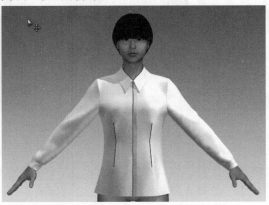

图4-49 调整纹理后试衣效果

在物体窗口中，点击选择"Default Fabric"织物类别，则将3D服装窗口或2D板片窗口中的衣片轮廓变为红色，也就是所有红色轮廓的衣片都属于"Default Fabric"织物类别；然后在"属性窗口>物理属性>预设"栏中选择"Muslin_30s"，设置服装的面料属性。

在3D服装窗口或2D板片窗口中按"Ctrl+A"选择所有板片，将"属性窗口>模拟属性>粒子距离（毫米）"栏里距离改为"10"，然后单击【模拟】工具，最终虚拟试衣效果如图4-50所示。粒子距离的设置会影响到模拟品质和模拟速度，粒子距离值越小，模拟品质也越好，但模拟速度越慢。

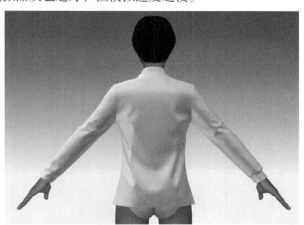

图4-50 调整预设和粒子距离后的试衣效果

第三节　男士西裤

西裤是在正式场合配合西装上衣一起穿着的裤装。本节介绍的西裤是设有省和活褶的男士西裤，面料采用毛布料。男士西裤的尺寸如表4-3所示，三维效果如图4-51所示。

表4-3 男士西裤的成品尺寸 （单位：cm）

号型	裤长	腰围	臀围	上裆	裤口
170/88A	103	78	106	29.5	46

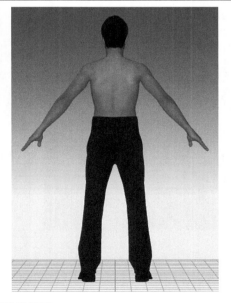

图4-51 三维效果图

一、准备工作

主菜单中选择"文件>导入>DXF（AAMA/ASTM）"，打开西裤的DXF文件，如果板片横向排列或位置不合适，选择【调整板片】工具将衣片重新排列，如图4-52所示。

选择菜单"虚拟模特>虚拟模特编辑器"，在弹出的对话框中，选择虚拟模特尺寸选项卡，将虚拟模特的高度（身高）设置为"170"，腰围设置为"78"，臀围设置为"94"。

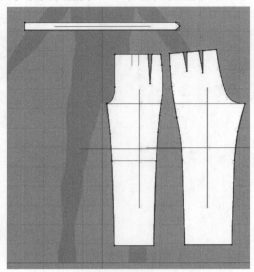

图4-52　导入板片

二、绘制内部线

选择【内部多边形/线】工具 ，在前片的活褶处画出三条内部线，中间的内部线位于两边内部线的中点处。选择【编辑板片】工具，按"Shift"键同时选择两边较长的内部线，在右侧的属性窗口中，将"折叠>折叠角度"设置为"0"，使用【编辑板片】工具选择中间较短的内部线，在右侧的属性窗口中，将"折叠>折叠角度"设置为"360"，如图4-53所示。折叠角度为"0"时，衣片沿翻折线背面对折；折叠角度为"360"时，可使衣片沿翻折线正面对折。

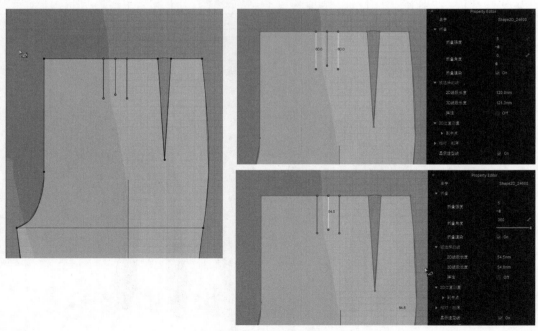

图4-53　绘制内部线

三、缝合板片

1.缝合省

选择【线缝纫】工具，缝合前后片的省，如图4-54所示。

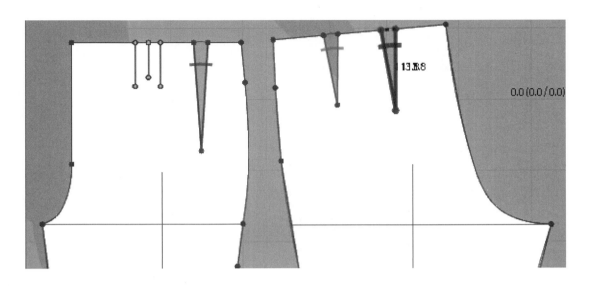

图4-54 缝合省

2.缝合顺褶

前片的活褶为顺褶。选择【线缝纫】工具，缝合两条较长的内部线，如图4-55左所示。选择【自由缝纫】工具将褶的上方缝合并固定，首先鼠标点击"a点"，移动鼠标到"b点"结束，然后点击"a点"，移动鼠标到"c点"结束，从而完成第一条缝纫线。接着鼠标点击"c点"，移动鼠标到"a点"结束，最后点击"c点"，移动鼠标到"d点"结束，从而完成第二条缝纫线，如图4-55右所示。

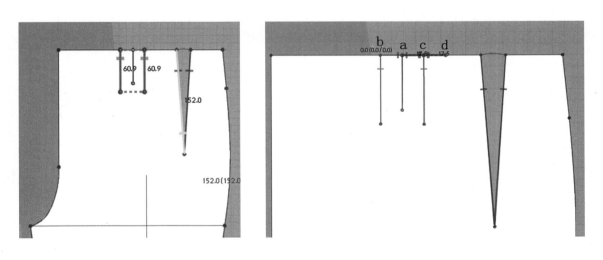

图4-55 缝合顺褶

3.缝合侧缝

选择【自由缝纫】工具，将前后片侧缝缝合，如图4-56所示。

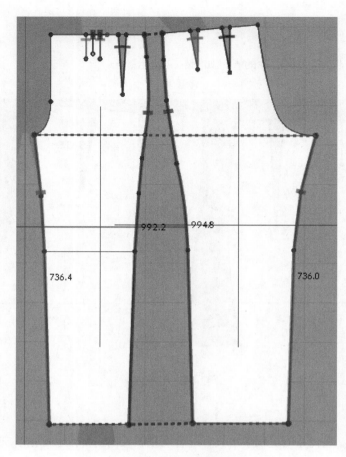

图4-56 缝合前后片侧缝

4.缝合腰头

选择【自由缝纫】工具，从前中开始依次与腰头缝合，注意顺褶部分跳过不缝合，如图4-57所示。

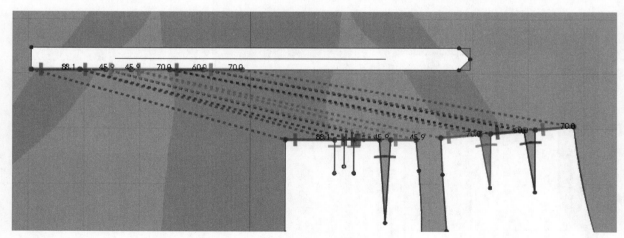

图4-57 缝合腰头

5.对称板片

在2D板片窗口，选择【调整板片】工具，选中前片和后片，鼠标在选中的板片上单击右键，在弹出的选项中选择"对称板片（板片和缝纫线）"，移动鼠标，按着"Shift"键水平移动，放置于当前板片的左边，如图4-58所示。

98

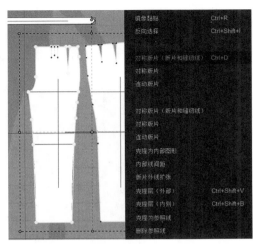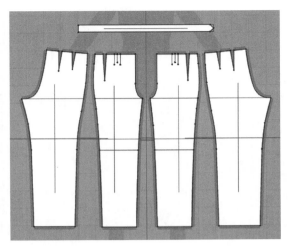

图4-58 对称板片

6.缝合剩余板片

选择【自由缝纫】工具，缝合前后中线，接着将右前片、右后片与腰头缝合，如图4-59右所示。

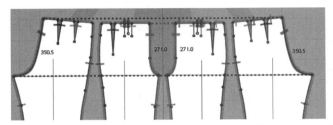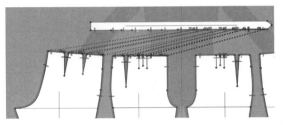

图4-59 缝合剩余板片

四、虚拟试衣

1.重设板片

如果3D服装窗口中的板片和2D板片窗口中的排列不一致，可以进行板片重设。3D服装窗口中按"Ctrl+A"全选所有板片，用鼠标右键单击【重设2D安排位置（选择的）】工具，将2D板片窗口中的板片同步显示到3D服装窗口中，如图4-60所示。

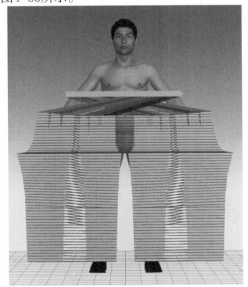

图4-60 同步显示到3D服装窗口中

2.安排前后片

单击【显示安排点】工具，显示安排点。选中前片，然后单击虚拟模特正面腿中部的一个安排点，则两个前片被安排到虚拟模特上。转到虚拟模特背面，点击一个后片，然后选中虚拟模特背面腿中部的一个安排点，则两个后片被安排到虚拟模特上，如图4-61所示。

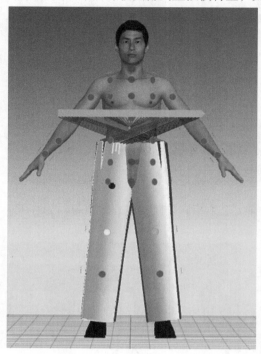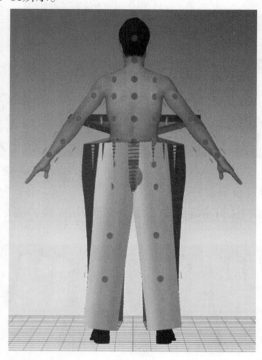

图4-61 安排前片和后片

3.安排腰头

单击腰头，再选中虚拟模特背面腰中部的一个安排点，则腰头被安排到虚拟模特的腰部，如图4-62所示。

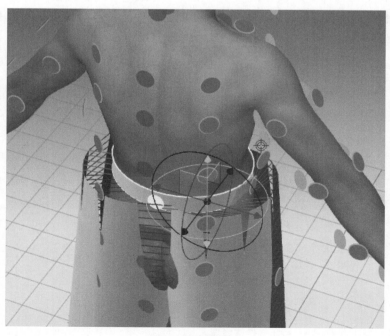

图4-62 安排腰头

100

4.虚拟试衣

单击【模拟】按钮进行虚拟试衣，效果如图4-63所示。

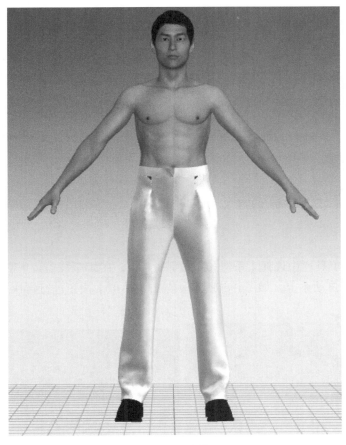

图4-63 试衣效果

5.设置纽扣和扣眼

（1）设置纽扣

在控制3D服装窗口工具栏中点击【纽扣】按钮 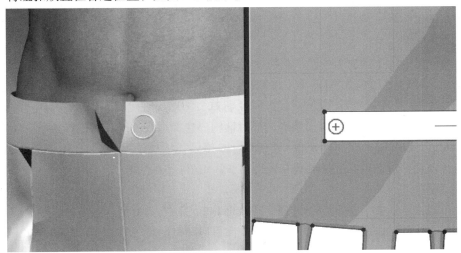 ，然后在3D服装窗口或2D板片窗口的腰头位置点击鼠标左键，将纽扣放置在合适位置，如图4-64所示。

图4-64 设置纽扣

（2）设置扣眼

在控制3D服装窗口工具栏中点击【扣眼】按钮 ![button]，在3D服装窗口或2D板片窗口的腰头位置单击鼠标左键，将扣眼放置在合适位置，如图4-65左所示，可以看到此时的扣眼方向不对，需要旋转扣眼方向。点击【选择/移动纽扣】![button] 按钮，左键点击选中腰头中的扣眼，可以移动扣眼位置，同时在"属性窗口>角度"栏中，将角度设置为"180"，则扣眼被旋转180°，如图4-65右所示。

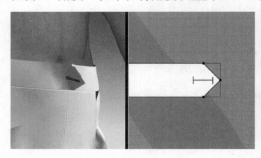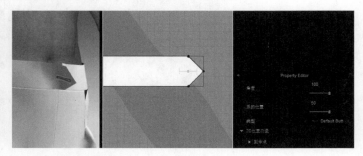

图4-65 设置扣眼

（3）系纽扣

在控制3D服装窗口工具栏中选择【系纽扣】按钮 ![button]，在3D服装窗口中首先点击腰头上的纽扣，然后点击扣眼，则纽扣自动系上，如图4-66所示。点击【模拟】按钮进行再次模拟，效果如图4-67所示。

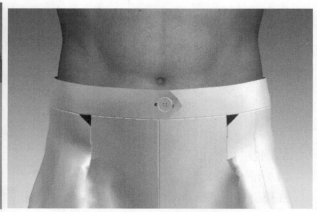

图4-66 系纽扣　　　　　　　　　　　　　图4-67 系纽扣效果

五、修改属性

1.修改面料属性

单击"织物"栏里的【增加】按钮，在物体窗口增加织物类别FABRIC 1，在2D板片窗口选择腰头板片，在属性窗口"织物>织物"栏里点击"FABRIC 1"。然后在物体窗口选择FABRIC 1织物类别，同时，在属性窗口名字栏中将名字改为"腰头"。在属性窗口"物理属性>预设"栏里选择"Trim_Full_Grain_Leather"，单击"属性>纹理"栏，弹出纹理选择对话框，选择适合的纹理并进行调整。接着在物体窗口选择Default Fabric织物类别，在属性窗口"物理属性>预设"栏里选择"Wool_Melton"，单击"属性>纹理"栏，弹出纹理选择对话框，选择纹理并进行调整，如图4-68所示。

2.修改纽扣属性

在物体窗口点击"纽扣"选项卡，选择"Default Button"纽扣类型，下方的属性窗口中可以设置纽扣的大小、形状、厚度、纹理、颜色等。点击"属性窗口>属性>颜色"栏中的按钮弹出颜色对话框，选择纽扣颜色为黑色，如图4-69所示。

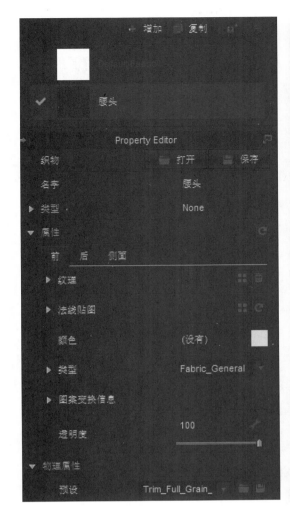

图4-68 修改面料属性

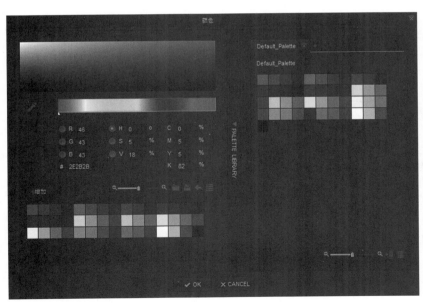

图4-69 设置纽扣颜色

3.最终虚拟试衣

将属性窗口"模拟属性>粒子间距（毫米）"调整为"5"后，最终模拟效果如图4-70所示。

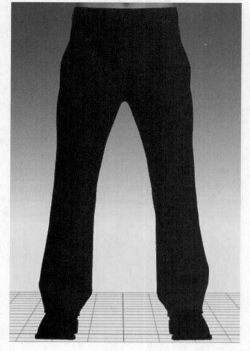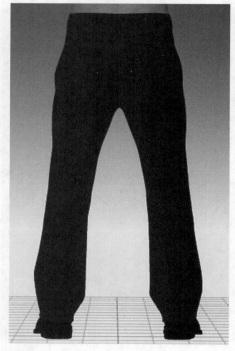

图4-70 最终模拟效果

第四节 带帽卫衣

卫衣诞生于20世纪30年代的美国纽约，由于卫衣兼顾了时尚性与功能性，并融合了舒适与时尚，逐渐成为年轻人运动服装的必备单品。本节介绍的卫衣是带有拉链的插肩袖款式。带帽卫衣的尺寸如表4-4所示，三维效果如图4-71所示。

表4-4 带帽卫衣的成品尺寸　　　　　　　　　　　　　　　　　　（单位：cm）

号型	后衣长	胸围	腰围	领围	帽宽	帽高	袖长	袖肥	袖口
165/88A	53	96	86	47	29	36	68	39	24

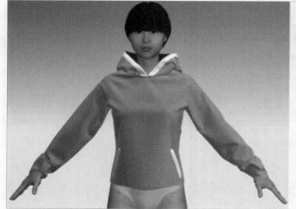

图4-71 三维效果图

104

一、准备工作

在主菜单中选择"文件>导入>DXF（AAMA/ASTM）"，打开带帽卫衣的DXF文件，如果板片是横向排列，则选择【调整板片】工具将衣片排列，如图4-72所示。

选择菜单"虚拟模特>虚拟模特编辑器"，在弹出的对话框中，选择虚拟模特尺寸选项卡，将虚拟模特的高度（身高）设置为"165"，胸围设置为"88"。

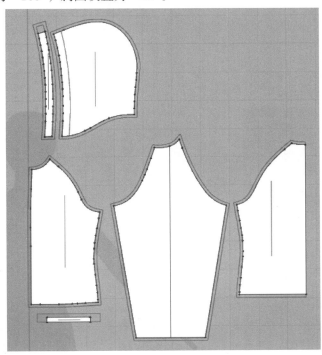

图 4-72 导入板片

二、绘制内部线

1.绘制内部线

选择【调整板片】工具，单击"选择袋眉"，在袋眉上单击右键，选择"克隆为内部图形"，移动鼠标，在前片上单击左键放置图形，选择【调整板片】工具，移动并旋转内部线，完成后的内部线如图4-73所示。

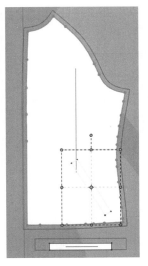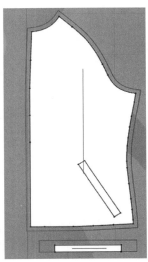

图4-73 绘制内部线

105

2.提取内部线

选择【勾勒轮廓】工具，按住"shift"键依次单击选择帽子内部的线，在线上单击右键选择"勾勒为内部图形"，提取内部线如图4-74所示。

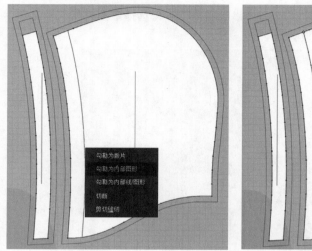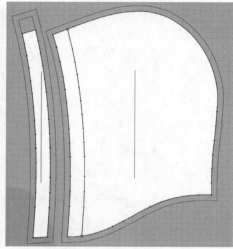

图4-74　提取帽子内部线

三、缝合板片

1.缝合插肩袖

选择【自由缝纫】工具，先缝合插肩袖与前片袖窿，再缝合插肩袖与后片袖窿，如图4-75所示。

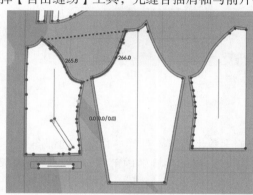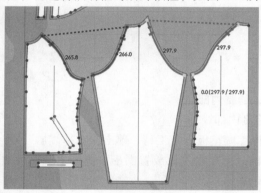

图4-75　缝合插肩袖

2.缝合袖侧缝

选择【自由缝纫】工具，缝合前后侧缝。再选择【线缝纫】工具，缝合袖侧缝，如图4-76所示。

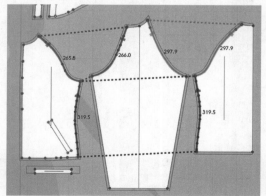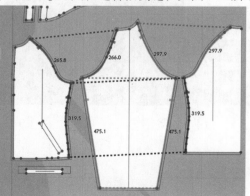

图4-76　缝合袖侧缝

3.缝合前兜及帽子

选择【自由缝纫】工具，将前兜内部线与兜面进行缝合，再将帽沿与帽身进行缝合，如图4-77所示。

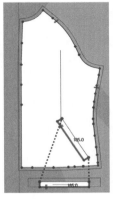 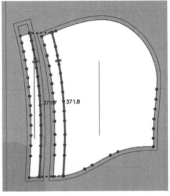 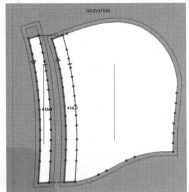

图4-77 缝合前兜及帽身

4.缝合帽子与领弧线

选择【自由缝纫】工具，先将前领弧与帽身缝合，再将插肩袖上领弧线与帽身缝合，然后将后领弧与帽子缝合，如图4-78所示。

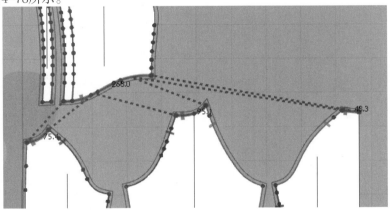

图4-78 缝合帽子与领弧线

5.展开后片

选择【编辑板片】工具，左键单击选中后中线，再在后中线上单击右键，选择"展开"，将后片展开，如图4-79所示。

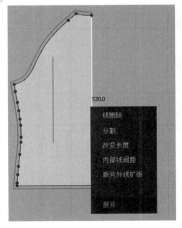 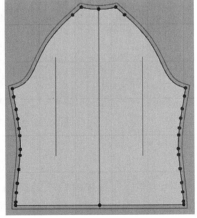

图4-79 展开后片

6.复制对称板片

选择【调整板片】工具，在2D板片窗口，按住左键框选除后片之外的所有板片，点击鼠标右键选择"对称板片（板片和缝纫线）"，按着"Shift"键水平移动，放置于当前板片的左边，板片的排列如图4-80所示。

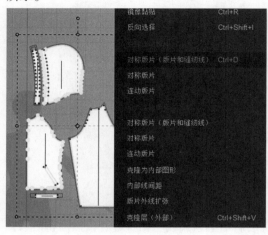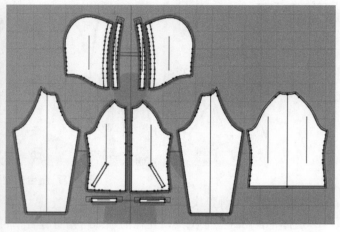

图4-80 复制对称板片

7.缝合剩余板片

选择【编辑缝纫线】工具，框选所有板片，可以看到缝纫线迹。选择【自由缝纫】工具，先缝合插肩袖与后袖窿、前门襟，再缝合前后侧缝、后领弧、帽子中缝及帽子帽沿，缝合后如图4-81所示。

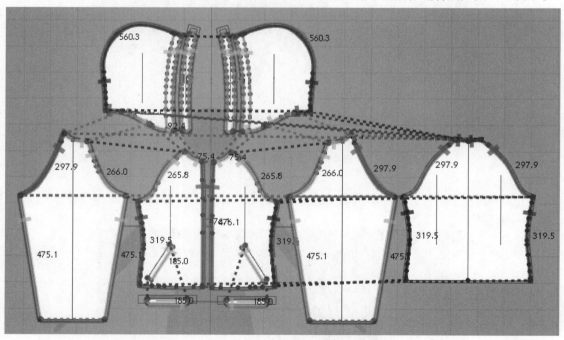

图4-81 缝合剩余板片

四、虚拟试衣

1.重设板片

如果虚拟模特窗口中的板片和板片窗口中的排列不一致，可以进行板片重设。在虚拟模特窗口中按"Ctrl+A"全选所有板片，鼠标右键单击【重设2D安排位置（选择的）】工具，将板片窗口中的板片同步显示到虚拟模特窗口中，如图4-82所示。

图4-82 同步显示到虚拟模特窗口中

2.安排后片及袖片

单击后片，将其拖动到虚拟模特身后，并在后片上单击右键选择"水平翻转"。单击【显示安排点】工具，显示安排点，安排袖片，再安排兜面，如图4-83所示。

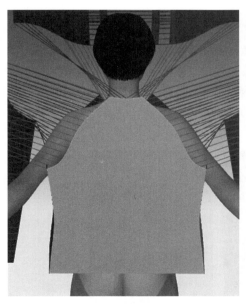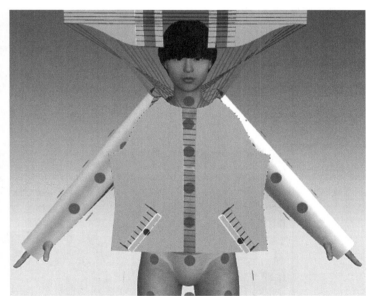

图4-83 安排后片及袖片

3.安排帽子

单击右帽片，再单击安排点，安排右帽片，由于板片的连动性，左帽片也被安排到左安排点上，如图4-84所示。

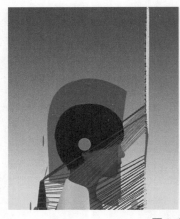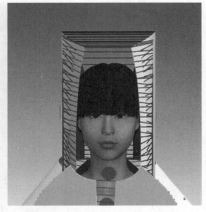

图4-84 安排帽子

4.虚拟试衣

单击【模拟】按钮进行虚拟试衣，试衣效果如图4-85所示。用鼠标拖拽可以将帽子脱下。

图4-85 试衣效果

五、修改属性

1.修改面料属性

在物体窗口增加织物类别FABRIC 1，在板片窗口选择除帽沿与兜面的所有板片，在属性窗口"织物>织物"栏里选择"FABRIC 1"。在物体窗口选择FABRIC 1织物类别，然后在属性窗口"物理属性>预设"栏里选择"Cotton_Twill"，单击"属性>颜色"栏，弹出"颜色"对话框，选择颜色并进行调整。接着在物体窗口选择Default Topstitch织物类别，在属性窗口"物理属性>预设"栏里选择"Cotton_Twill"。如图4-86所示。

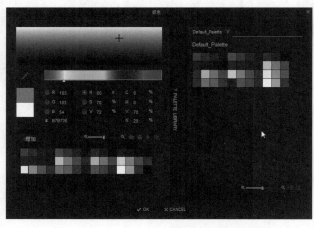

图4-86 修改面料属性

2.虚拟试衣

将属性窗口"模拟属性>粒子间距（毫米）"调整为"5"，最终模拟效果如图4-87所示。

图4-87 最终模拟效果

第五节 羽绒服

羽绒服是内充羽绒填料的上衣，防风御寒的作用非常明显，是人们常穿的冬季服装。羽绒服分为内外两层，中间有填充物，并使用绗缝线固定。本节示范的是一款男士羽绒服，成品尺寸如表4-5所示，三维效果如图4-88所示。

表4-5 男士羽绒服的成品尺寸　　　　　　　　　　　　（单位：cm）

号型	后衣长	胸围	肩宽	领围	袖长	袖口
170/88A	73	112	47	53	62	32.5

图4-88 三维效果图

一、准备工作

主菜单中选择"文件>导入>DXF（AAMA/ASTM）"，打开羽绒服的DXF文件，如图4-89所示。将虚拟模特更换为图4-88中男模特，将虚拟模特的高度（身高）设置为"170"，胸围设置为"88"。

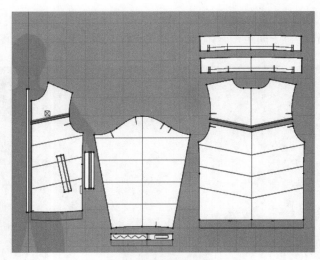

图4-89 导入文件

二、提取内部线

1.提取后片与袖片内部线

选择【勾勒轮廓】工具提取内部省线。按着"Shift"键，左键依次单击后片内部线，然后在内部线上单击右键，选择"勾勒为内部图形"。袖片内部线做法与后片一样，完成后如图4-131所示。

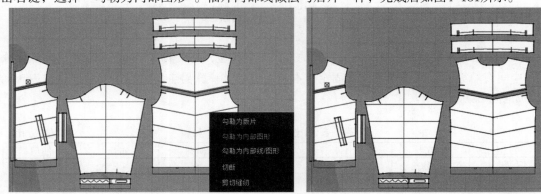

图4-90 提取后片与袖片内部线

2.绘制前片内部线

将前片板片放大，选择【内部多边图形/线】工具，绘制前片口袋两侧的内部线。先在线的一端单击左键，确定线的起点；再在线的另一端双击左键确定终点，则该内部线绘制完成。完成其它内部线的绘制，并且用【勾勒轮廓】工具将第一条内部线勾勒出，最后前片的内部线如图4-91所示。

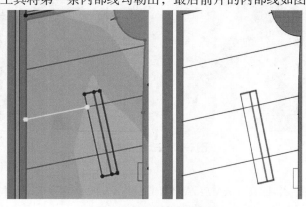

图4-91 绘制前片内部线

三、缝合板片

1.缝合前片

选择【线缝纫】工具，先将两个前片缝合，再将两个兜面缝合。然后选择【自由缝纫】工具，按住"Shift"键缝合前片内部线和兜面周边线，如图4-92所示。

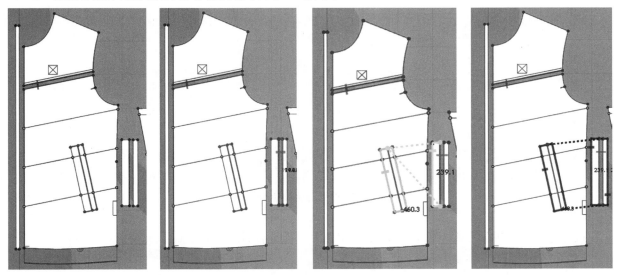

图4-92 缝合前片

2.缝合后片

选择【自由缝纫】工具，将后片的上下部分缝合起来，如图4-93所示。

3.缝合袖侧缝

选择【线缝纫】工具，缝合袖侧缝，再缝合袖克夫侧缝，如图4-94所示。

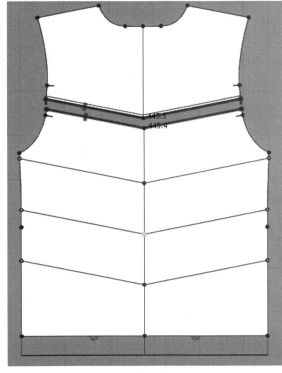

图4-93 缝合后片

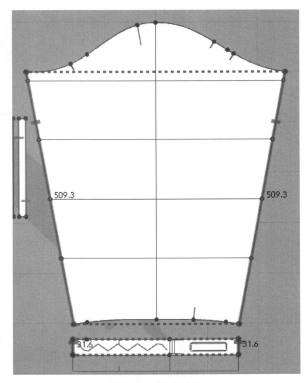

图4-94 缝合袖片

4.缝合袖克夫

选择【自由缝纫】工具，依次缝合袖克夫，如图4-95所示。

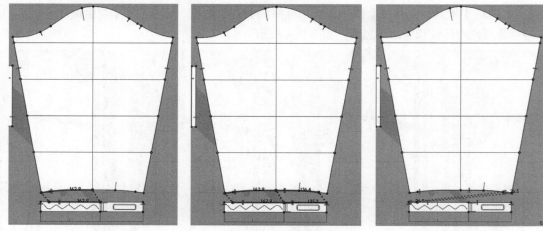

图4-95 缝合袖克夫

5.缝合袖窿

选择【自由缝纫】工具，先缝合前片袖窿和袖片，再缝合后片袖窿和袖片，如图4-96所示。

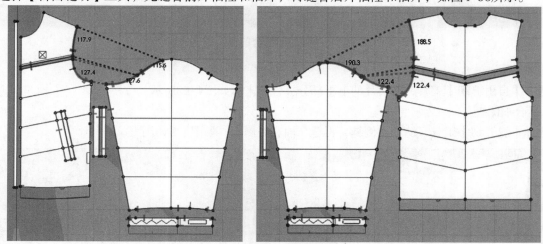

图4-96 缝合袖窿

6.缝合侧缝和肩线

选择【自由缝纫】工具，缝合前后片侧缝。再选择【线缝纫】工具，缝合前后肩线，如图4-97所示。

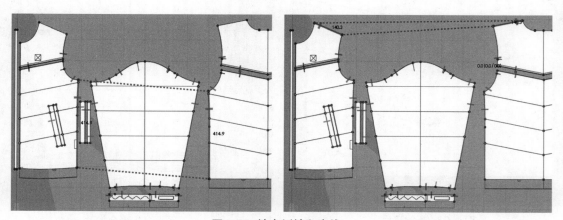

图4-97 缝合侧缝和肩线

114

7.缝合门襟

选择【自由缝纫】工具，按住"Shift"键，将前片、领片的边线与门襟的边线进行缝合，如图4-98所示。

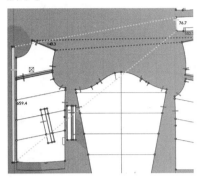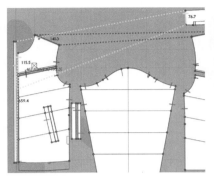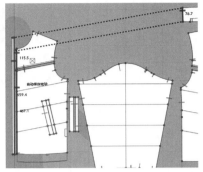

图4-98 缝合门襟

8.缝合领片

选择【自由缝纫】工具，先缝合后领弧线与领片，再缝合前领弧线与领片，如图4-99所示。

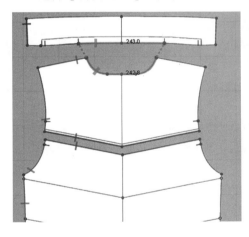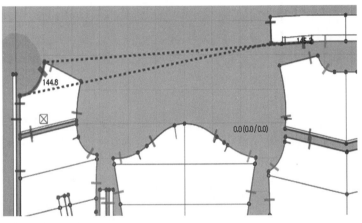

图4-99 缝合领片

9.对称复制板片

用【调整板片】工具选择前片、兜片及袖片，点击鼠标右键，选择"对称板片（板片和缝纫线）"，按住"Shift"键水平移动，单击放置移动板片，如图4-100所示。

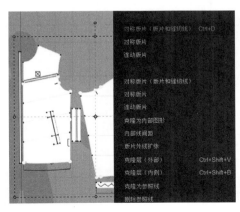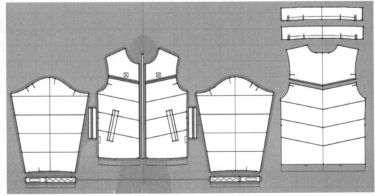

图4-100 复制对称板片

115

10.缝合剩余板片

将前片与门襟、前后片侧缝、前后肩线、后袖窿与袖片、前领弧线与领片进行缝合，如图4-101所示。

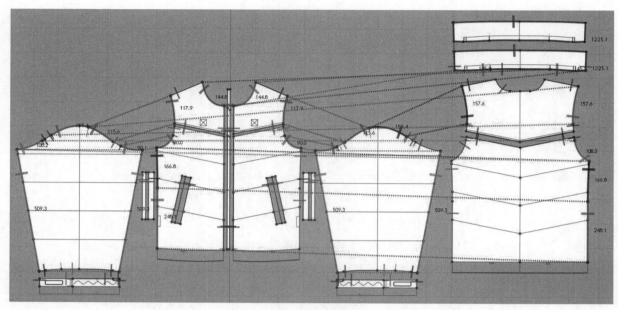

图4-101 缝合剩余板片

四、虚拟试衣

1.重设2D板片

为方便操作，删除领里，只保留一个领面。如果3D服装窗口中的板片和2D板片窗口中的排列不一致，可以进行板片重设。2D板片窗口中按"Ctrl+A"全选所有板片，鼠标右键单击【重设2D安排位置（选择的）】工具，将板片窗口中的板片同步显示到3D服装窗口中，如图4-102所示。

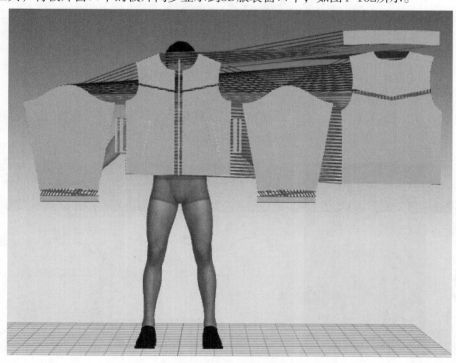

图4-102 同步显示到虚拟模特窗口中

116

2.隐藏缝纫线

单击主菜单"显示>缝纫>在3D视窗显示缝纫线",将缝合线隐藏,如图4-103所示。

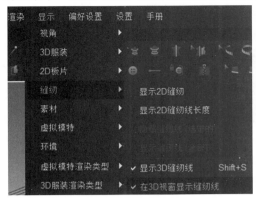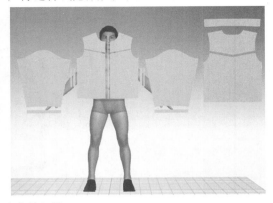

图4-103 隐藏缝纫线

3.安排前后片板片

在虚拟模特窗口中,打开安排点,将前后板片安排在身体周围。安排完的前后板片如图4-104所示。

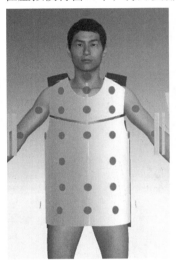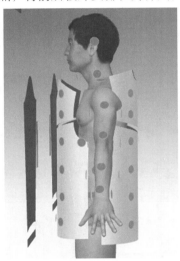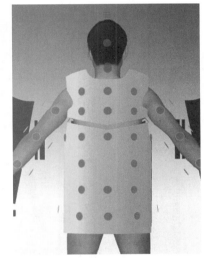

图4-104 安排前后片板片

4.安排袖片

单击袖克夫,将袖克夫安排在手腕处。单击袖子,将袖子安排好位置,然后在"属性窗口>安排>距离"栏里,将其改为"56",效果如图4-105所示。

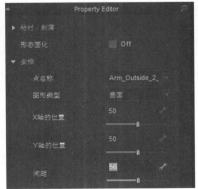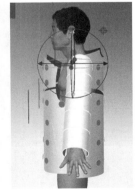

图4-105 安排袖子板片

117

5.安排领片

单击领面，然后选择离虚拟模特比较近的颈部安排点，将其安排在身体周围，如图4-106所示。

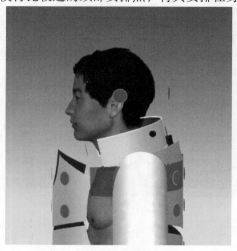

图4-106 安排领子板片

6.转换为洞

在板片窗口，用【调整板片】工具选中兜面的内部线，在内部线上单击右键选择"转换为洞"，板片效果及3D服装窗口中的板片效果分别如图4-107所示。

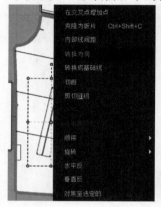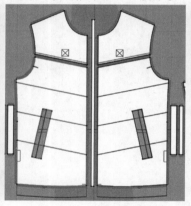

图4-107 转换为洞

7.外层模拟

单击【模拟】工具，进行虚拟试穿，效果如图4-108所示。

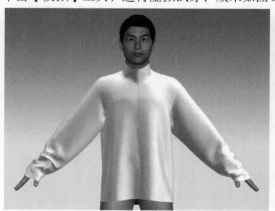

图4-108 外层模拟效果图

118

8.克隆板片为里子片

选择【调整板片】工具，选中两个前片、两个袖片、领片及后片，右键单击其中一个已被选中的板片，然后从弹出的菜单中选择"克隆层（内侧）"，按着"Shift"键竖直移动，将克隆板片放在现有衣片的下方，单击左键确定位置，将其作为里子。此时在3D服装窗口，里子衣片自动安排在外层衣片的内侧，如图4-109所示。

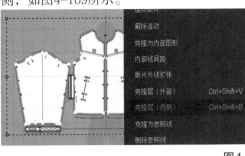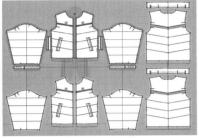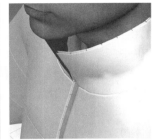

图4-109 克隆板片为里子板片

9.调整压力值

选择【调整板片】工具，框选所有外层板片，按"Shift"键取消前中拉链、袖克夫和兜面儿的选择。在"属性窗口>模拟属性>压力"栏里将压力值设置为"20"。用【调整板片】工具框选所有里子板片，在"属性窗口>模拟属性>压力"栏里将压力值设置为"-20"，如图4-110所示。

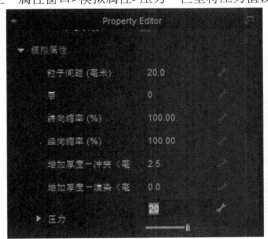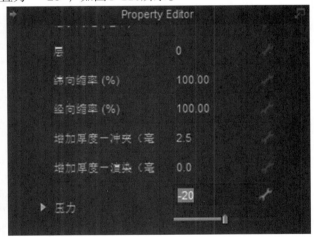

图4-110 调整外层和里子的压力值

10.模拟

单击【模拟】工具，进行虚拟试穿，效果如图4-111所示。

图4-111 模拟效果

119

五、添加面料

1.添加面料

在物体窗口增加两个新的织物类别"FABRIC 1""FABRIC 2",并将"FABRIC 2"命名为"里子"。选择【调整板片】工具,将除了门襟拉链和前后片上半部分以外的外层板片全部选中,单击"属性窗口>织物>织物"栏右侧下拉按钮选择"FABRIC 1"。框选所有里子板片,单击"属性窗口>织物>织物"栏右侧下拉按钮选择"里子"。在物体窗口,选择织物类别"Default Fabric",点击"属性窗口>属性>纹理"右侧的按钮,然后在弹出的对话框中单击选择面料。最后选择物体窗口中的织物类别"FABRIC 1"和"里子"添加面料,如图4-112所示。

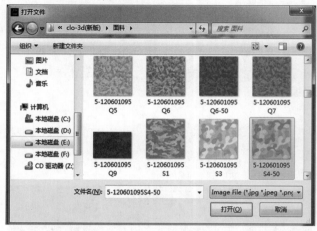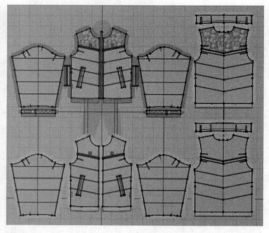

图4-112 添加面料

2.添加拉链

添加拉链有两种方法:一种是在门襟拉链板片上添加拉链纹理;另一种是删除门襟拉链板片,直接使用3D服装工具栏中的拉链按钮添加拉链。下面分别介绍这两种方法,读者在实际操作中选择其中一种即可。

（1）在门襟拉链板片上添加拉链面料

首先在物体窗口添加新的织物类别并命名为"门襟拉链",按住鼠标左键将"门襟拉链"织物类别拖动到2D板片窗口的门襟拉链板片上,松开鼠标。然后在"属性窗口>属性>纹理"中选择拉链纹理,并用编辑纹理按钮调整纹理大小,如图4-113所示。

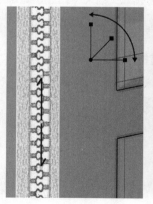

图4-113 添加拉链面料

（2）使用虚拟模特工具栏中的拉链按钮

删除门襟拉链板片,点击虚拟模特窗口工具栏中的拉链按钮 ,如图4-114所示,先点击右领口上顶点,顺着右前片的方向向下移动鼠标,出现蓝色粗线,到下摆止点处双击鼠标断开,线变成灰色。

120

接着点击左领口上顶点，顺着左前片的方向向下移动鼠标，到下摆止点处双击鼠标结束，最后点击【模拟】按钮。

图4-114 使用拉链工具添加拉链

六、调整属性

1.调整面料属性

在物体窗口，依次对除"门襟拉链"以外的织物类别进行设置。首先选择"Default Fabric"织物类别，在"属性窗口>物理属性>预设"栏选择"Cotton_40s_Chambray"，并将"属性窗口>物理属性>细节"中的【纬纱-强度】改为"22"，【经纱-强度】改为"40"。其他织物类别做同样的设置，如图4-115所示。

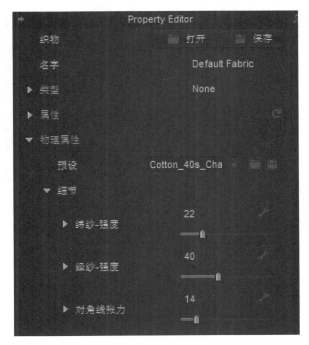

图4-115 调整面料属性

2.调整拉链属性

如果使用上文中介绍的第一种方法添加拉链，则需要进行此步骤的设置，否则可跳过此步骤。在物体窗口，选择"门襟拉链"织物类别，在"属性窗口>物理属性>预设"栏选择"Trim_Full_Grain_Leather"，如图4-116所示。

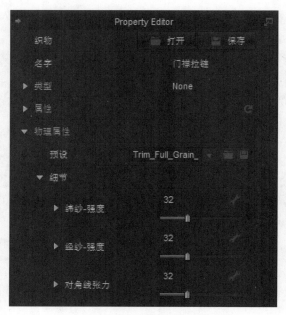

图4-116 调整拉链属性

3.虚拟试衣效果

将属性窗口"模拟属性>粒子间距（毫米）"调整为"5"，最终虚拟试衣效果如图4-117所示。

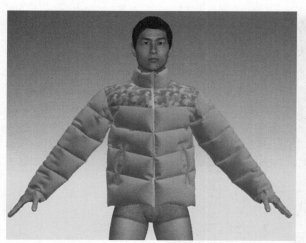

图4-117 最终虚拟试衣效果图

第六节 三角形上衣

前面的案例都是通过二维CAD打板再导入到CLO3D中，直接进行缝合制作。本节和下一节将介绍使用2D板片窗口工具直接绘制或者修改样板，得到虚拟试穿的服装。本节介绍的上衣是直接在CLO3D中绘制三角形样板，并通过三维试穿进一步调整版型，从而得到最终虚拟试穿的服装。服装最初结构图如图4-118所示，最终三维效果如图4-119所示。

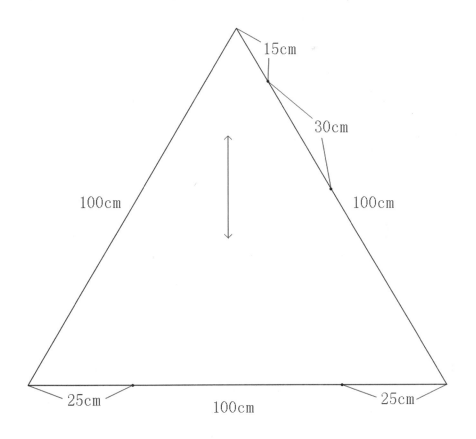

图4-118 最初结构图

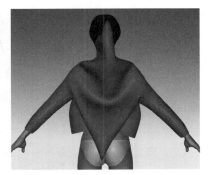

图4-119 三维效果图

一、准备工作

　　首先添加一个女性虚拟模特，使用默认尺寸即可。然后在二维板片窗口绘制一个边长为100cm的等边三角形，其绘制步骤如图4-120所示。

123

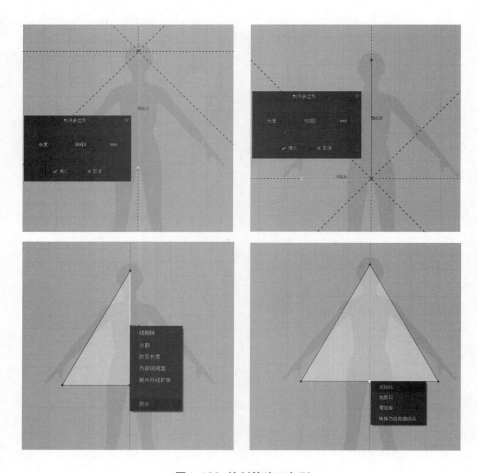

图4-120 绘制等边三角形

选择【加点/分线】工具，参考最初的结构图，右击需要加点的线，输入分割后的线段长度，如图 4-121所示。按此方法在右侧边和底边上各添加两个点。

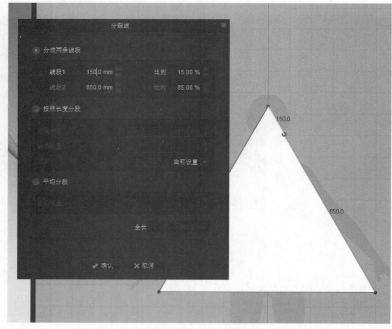

图4-121 加点操作

二、缝合板片

1.复制板片

选择【调整板片】工具，在等边三角形板片上单击鼠标右键，选择"克隆连动板片"模块中的"对称板片（板片和缝线）"移动鼠标则复制出另一个对称等边三角形板片，放置对称出的板片后，如图4-122所示。

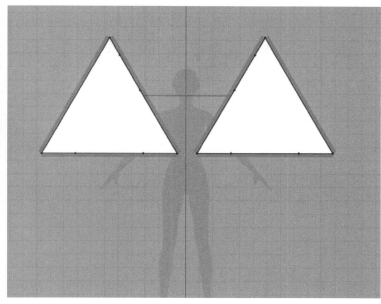

图4-122　复制对称板片

在三维服装窗口中分别调整两个板片的位置，安排如图4-123所示。

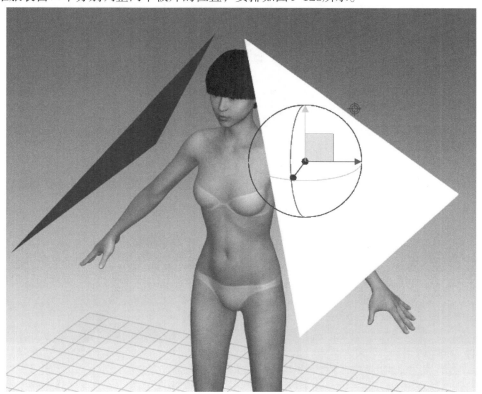

图4-123　安排板片

2.缝合板片

　　步骤1中的板片在对称复制时自动将缝纫线对称，因此只需缝合前中和后中即可。选择【线缝纫】工具，缝合前中和拉片后中，如图4-124所示。

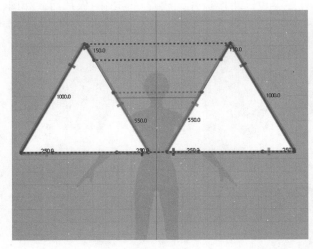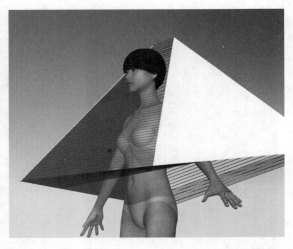

图4-124　缝合板片

三、虚拟试衣

1.模拟

　　单击【模拟】工具，同时可以通过鼠标左键拖拽调整，模拟完成后，再次单击【模拟】工具，结束模拟，得到虚拟试衣效果，如图4-125所示。

图4-125　虚拟试衣效果

2.虚拟模特姿势调整

有时可以看到因为虚拟模特姿势的问题，导致服装穿着效果不佳，因此点击图库窗口中的"Pose"，选择第二种模特姿势"F_A_pose_02_attention.pos"，将模特的手臂放置在自然下垂的位置，然后再单击【模拟】工具，并通过鼠标左键拖拽调整，得到效果如图4-126所示。

图4-126 模特姿势调整

3.调整织物属性

默认织物的悬垂性，达不到服装试穿的形态效果。为了达到硬挺的形态效果，在物体窗口选择"Default Fabric"织物类别，将"物理属性>细节>弯曲强度-纬纱"和"物理属性>细节>弯曲强度-经纱"的值均改为"70"，并重新模拟，如图4-127所示。

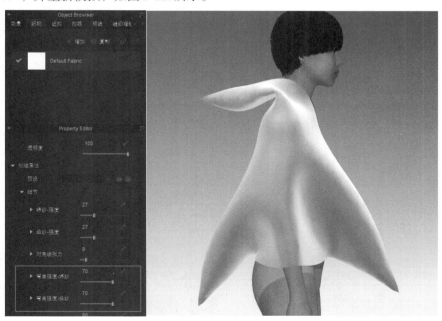

图4-127 调整织物属性

四、板片再设计

1.绘制袖窿曲线

　　首先选择3D服装窗口上的【线段（3D板片）】工具，在三维服装上沿着模特袖窿的位置画线。然后选择3D服装窗口的【编辑点/线（3D板片）】工具，右击绘制好的袖窿曲线，在快捷菜单中选择"转换为内部图形"，将袖窿曲线转换为板片的内部图形，如图4-128所示。

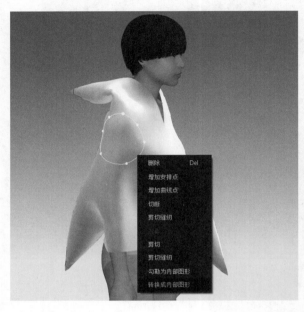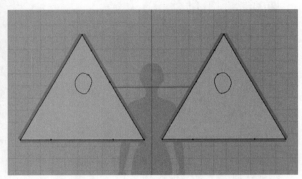

图4-128　绘制袖窿曲线

2.绘制袖子

　　在袖窿曲线的基础上，使用【内部多边形/线】工具来绘制袖子的形状，尺寸大致如图4-129所示。然后，在基准线的基础上，绘制出前后片的分割曲线，如图4-130所示。

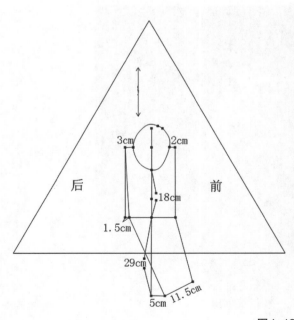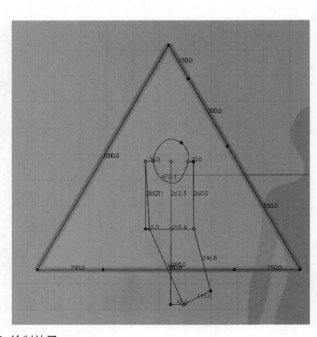

图4-129　绘制袖子

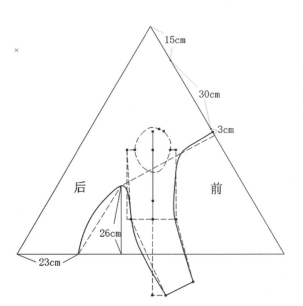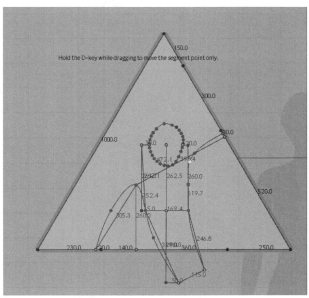

图4-130 绘制分割曲线

借助【调整板片】和【编辑板片】工具,通过板片的切断、编辑等操作,将原来的两个三角形板片拆分成六个板片,如图4-131所示。

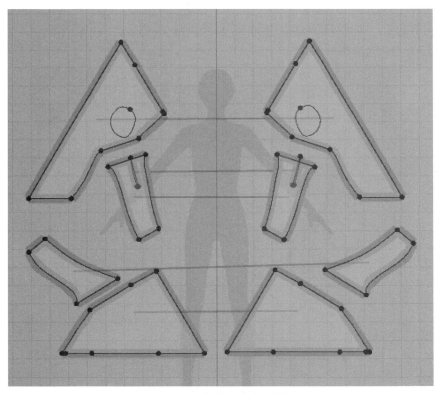

图4-131 板片切断与编辑

3.重新安排板片与缝合

为了让板片顺利安排,将模特姿势重新修改为默认的姿势,选择【显示安排点】工具,显示出安排点。将各个板片分别安排在身体周边适当位置,并进行适当的缝合,如图4-132所示。

129

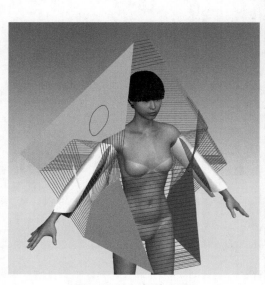

图4-132(a) 板片安排

图4-132(b) 板片缝合

五、再次虚拟试衣

1.模拟

单击【模拟】工具，并通过鼠标左键拖拽调整，模拟完成后，再次单击【模拟】工具，结束模拟，得到虚拟试衣效果，如图4-133所示。

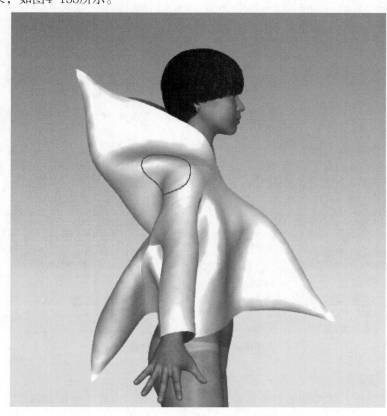

图4-133 再次虚拟试衣效果

2.添加面料纹理

在物体窗口，选择"Default Fabric"织物类别，在属性窗口，"属性>纹理"栏里选择要打开的面料，如果有法线贴图，则可以在"属性>法线贴图"栏里选择要打开的法线贴图，如图4-134(a)所示。添加面料后虚拟模特窗口效果，如图4-134(b)所示。

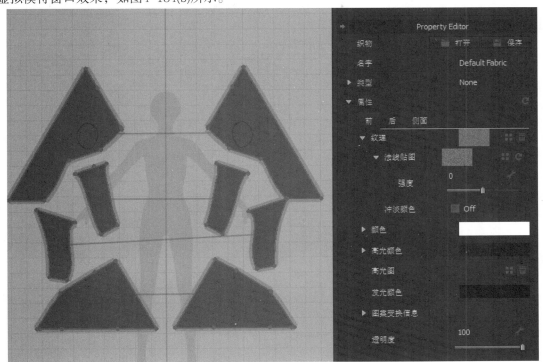

图4-134(a) 添加面料

图4-134(b) 添加面料后虚拟模特窗口效果

131

第七节 分割线设计女上衣

原型女上衣是很多款式的基础。本节介绍的分割线设计女上衣是在原型的基础上进行设计基本款型，并在CLO试穿的基础上绘制设计线并进一步设计，生成新的款式。成品尺寸如表4-6所示，结构图如图4-135所示，最终三维效果如图4-136所示。

表4-6 分割线设计女上衣成品尺寸 （单位：cm）

号型	胸围	背长	腰围（W）	臀围（H）	臀高
165/84A	84	38	68	90	16.5

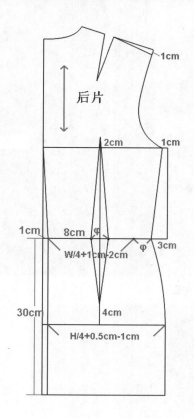
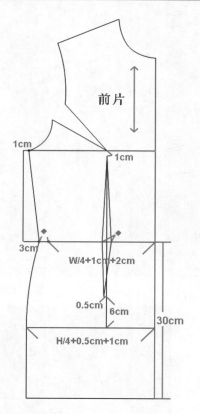

图4-135 女上衣结构图

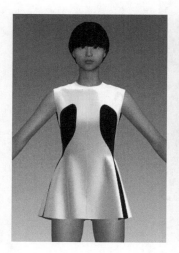

图4-136 三维效果图

132

一、准备工作

1.导入文件

导入分割线设计女上衣DXF文件，选择【调整板片】工具，将板片排列如图4-137所示。

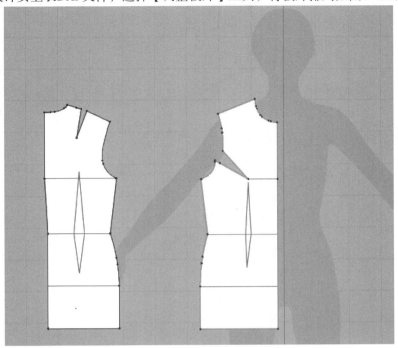

图4-137 导入板片

选择菜单"虚拟模特>虚拟模特编辑器"，在弹出的对话框中，选择虚拟模特尺寸选项卡，将虚拟模特的胸围设置为"84"。

2.绘制腰省

选择【省】工具，参考腰省基础线绘制出腰省，如图4-138所示。

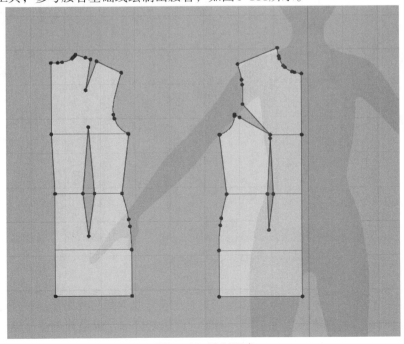

图4-138 绘制腰省

3.安排板片

选择【显示安排点】工具，显示出安排点。然后将前片和后片分别安排在身体周边适当位置，完成后如图4-139所示。

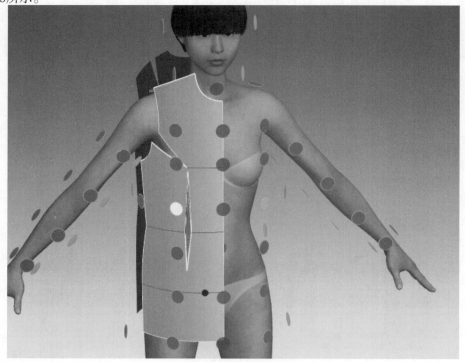

图4-139 安排板片

4.缝合板片

选择【自由缝纫】工具，缝合前片与后片，缝合肩省、腰省和腋下省，如图4-140所示。

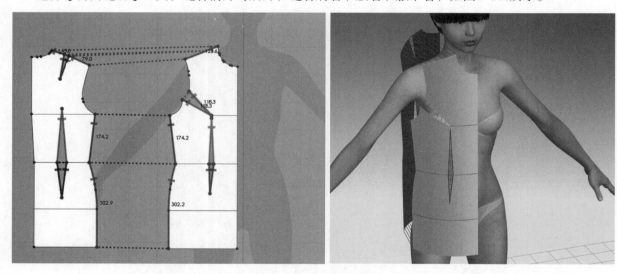

图4-140 缝合板片

5.添加固定针

选择三维服装窗口【固定到虚拟模特上】的固定针工具，将前片后片对应的位置添加上固定针进行固定，如图4-141(a)所示。选择【模拟】工具，同时可以通过鼠标左键拖拽调整，模拟完成后，再次单击【模拟】工具，结束模拟，得到虚拟试衣效果，如图4-141(b)所示。

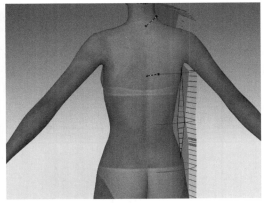

图4-141(a) 缝合各部位

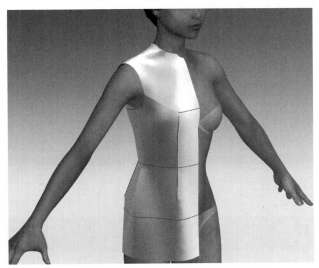

图4-141(b) 虚拟试衣效果

二、添加分割线

1.绘制分割线

选择3D服装窗口上的【线段（3D板片）】工具，在三维服装上直接绘制分割线，如果是曲线上的点，可以同时按下"Ctrl"键，如图4-142所示。

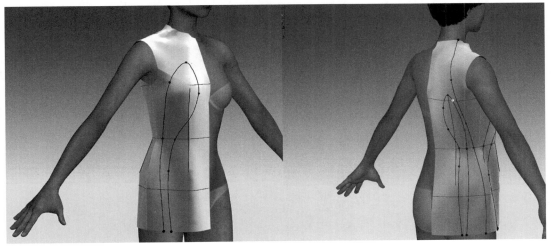

图4-142 绘制分割线

135

2.转换为内部图形

选择三维服装窗口的【编辑点/线（3D板片）】工具，右击绘制好的分割线，在快捷菜单中选择"转换为内部图形"，将分割线转换为板片的内部图形，如图4-143所示。

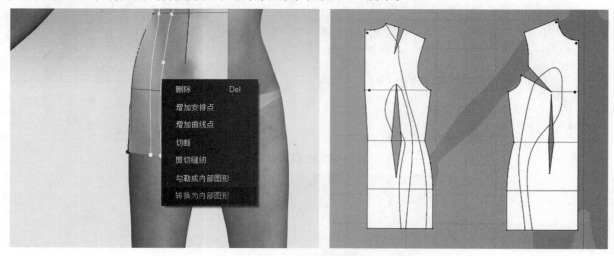

图4-143 转换为内部图形

三、板片裁切与变形调整

1.增加交叉点

在二维板片窗口中，可以看出绘制的分割线与板片相交处并没有交叉点，这样会影响后面的板片切断操作，所以需要对分割线加以调整。选择【编辑板片】工具，右击分割线，在弹出的快捷菜单中选择"在交叉点增加点"命令，如图4-144所示。

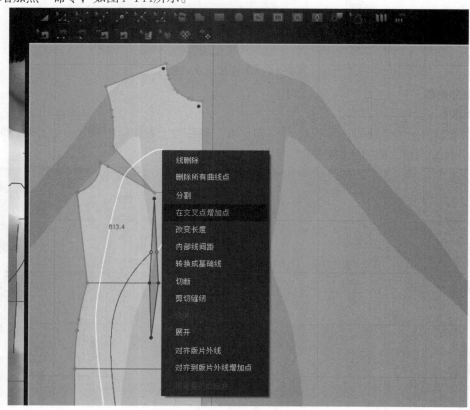

图4-144 增加交叉点

2.裁切板片与合并板片

　　右击相应的分割线，然后在快捷菜单中选择"切断"命令，如图4-145(a)所示。将原有的板片沿着分割线进行裁切，结果如图4-145(b)所示。

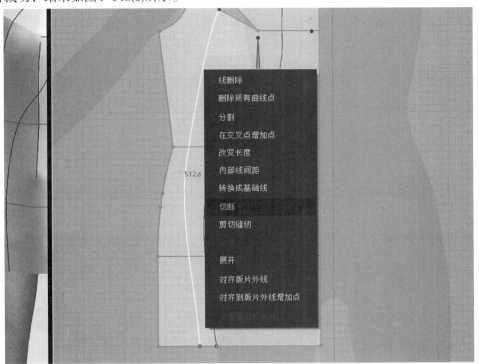

线删除

删除所有曲线点

分割

在交叉点增加点

改变长度

内部线间距

转换成基础线

切断

剪切缝纫

展开

对齐版片外线

对齐到版片外线增加点

512.6

图4-145(a) "切断"命令

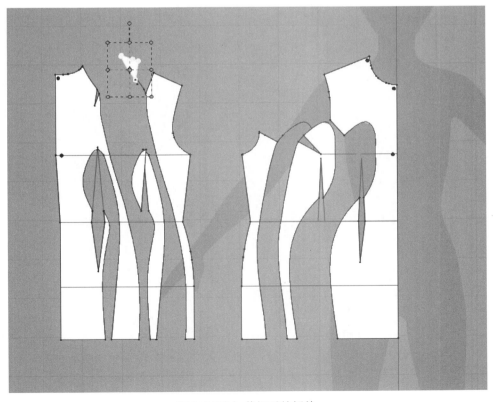

图4-145(b) 裁切后的板片

为了板片的整体性，需要将可以合为整体的板片进行合并，选择【编辑板片】工具，单击可以合并的边线，按下"Shift"键的同时，再单击另外一个板片的对应边线，然后右击，在快捷菜单中选择"合并"命令，如图4-146(a)所示，最后的效果如图4-146(b)所示。

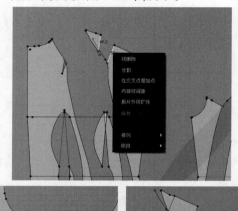

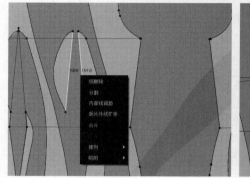 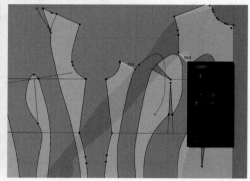

图4-146(a) 板片合并

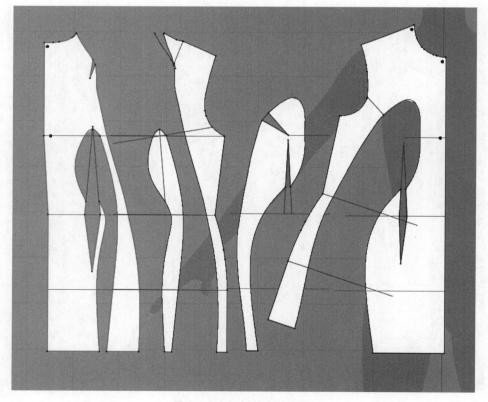

图4-146(b) 板片合并完毕

138

为了将要进行的板片形状调整，需要将后片部位对应位置绘制一条内部线，并进行"切断"操作，如图4-147所示。

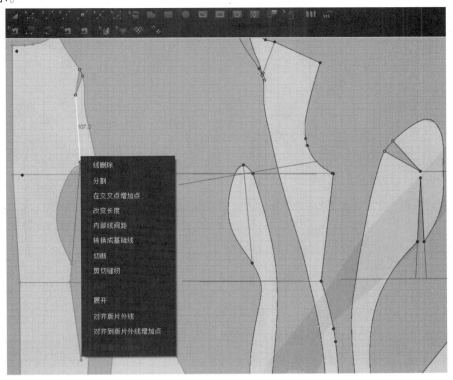

图4-147 裁切板片

3.板片形状调整

为了设计出下摆喇叭形的效果，选择【编辑板片】工具，将其中三个板片腰线以下的边线进行拉伸，并可使用【编辑圆弧】工具，将线条调整圆顺，如图4-148所示。

图4-148 板片形状调整

4.缝合板片

选择【自由缝纫】工具，将之前裁切的部分进行缝合，如图4-149所示。

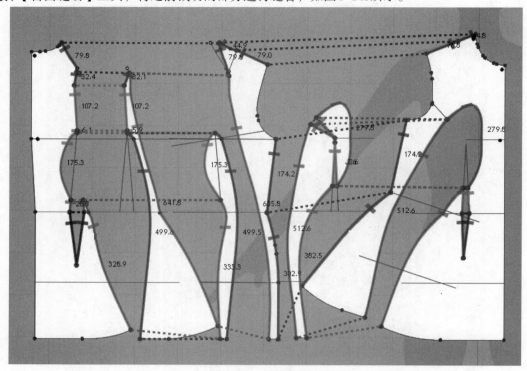

图4-149 缝合板片

四、虚拟试衣

1.初步试穿

选择【模拟】工具，进行模拟试穿，试穿效果如图4-150所示。

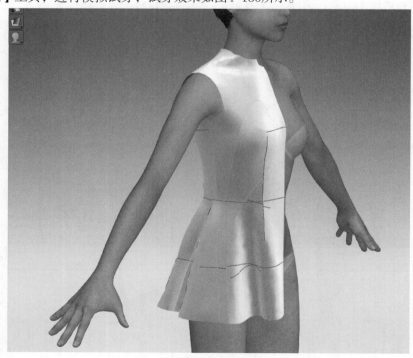

图4-150 试穿效果图

2.调整织物

在"物体"窗口的"织物"标签上，将"Default Fabric"复制，默认名称为"Default Fabric Copy 1"并将颜色修改为黑色，这样板片的展示更加清楚。使用【调节板片】工具，在二维板片窗口选择三个板片，然后在属性窗口的"织物>织物"中选择"Default Fabric Copy 1"，效果如图4-151所示。

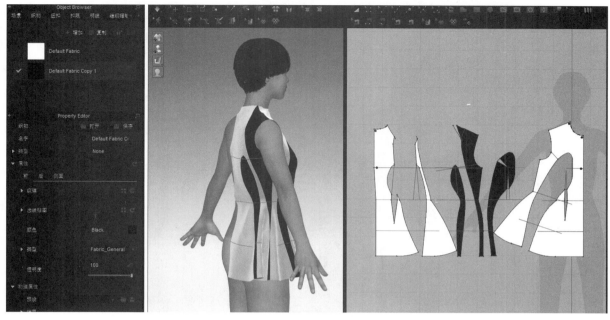

图4-151 板片织物修改

3.复制板片

目前制作完成的是服装的右半部分，其左半部分与右侧是完全对称的，所以可以在二维板片窗口中使用【调整板片】工具，将板片全部选中，然后右击快捷菜单中"对称板片（板片和缝纫线）"命令，将服装左半部分板片放置在对应位置，如图4-152所示。

图4-152 对称板片

141

此时，在三维服装窗口中，可以看到左半部分已经基本放置在模特身上，如图4-153所示。

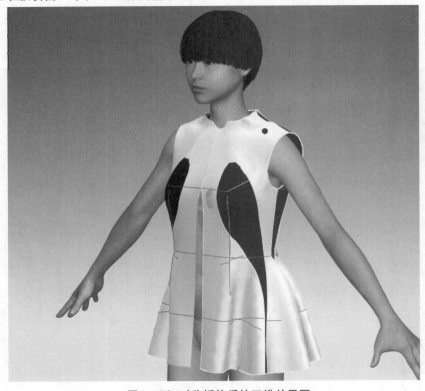

图4-153 对称板片后的三维效果图

使用【自由缝纫】工具，将服装的前中线和后中线的左右部分依次缝合。完成缝合操作之后，原有的固定针就可以删除了。在三维服装窗口选择【编辑假缝】工具，逐个右击固定针的位置，单击"删除"命令，将固定针删除，如图4-154所示。

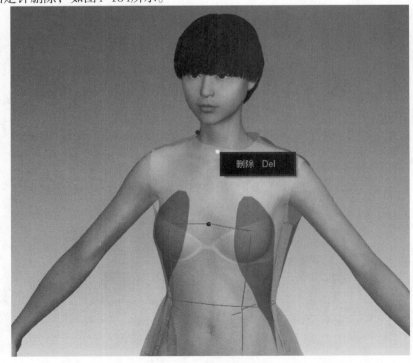

图4-154 删除固定针

4.模拟试穿

单击【模拟】工具，同时可以通过鼠标左键拖拽调整，模拟完成后，再次单击【模拟】工具，结束模拟。

5.调整粒子间距

选择【调整板片】工具，框选所有板片，在属性窗口中的"模拟属性>粒子间距"栏里输入"10"。调整后的试衣效果如图4-155所示。

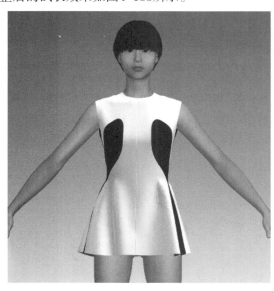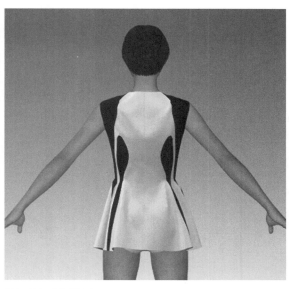

图4-155 调整属性后的试衣效果

6.调整虚拟模特姿势

在图库窗口，双击"Pose"，选择对应虚拟模特的姿势"F_A_pose_03.pos"，改变虚拟模特的姿势，如图4-156所示。

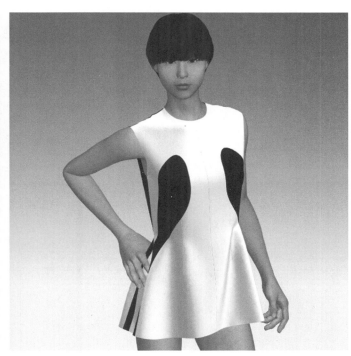

图4-156 调整虚拟模特姿势

第五章 细节处理与部分服饰制作

第四章中介绍了7个实例，但有些实例制作的效果并不细腻，距离企业使用的效果还有差距。本章以纽扣、袖克夫和明线为例，介绍服装的细节处理。同时，会对帽子、背包的三维虚拟制作进行介绍。

第一节 纽扣及领子

一、准备工作

主菜单中选择"文件>打开>项目"，打开第四章第三节所制作的女衬衫文件，选择【编辑板片】工具选中门襟内部线，按"Delete"键将其删除，如图5-1所示。

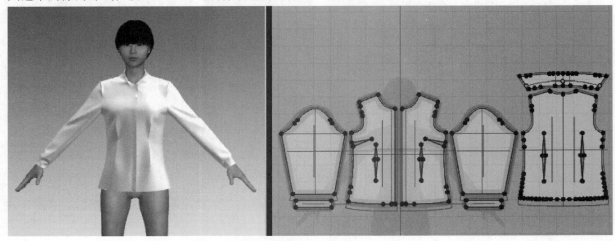

图5-1 打开文件

二、安装纽扣

1.放置扣眼

在3D服装窗口中选择【扣眼】工具，在衬衫右门襟线位置处单击，生成的扣眼，如图5-2所示。

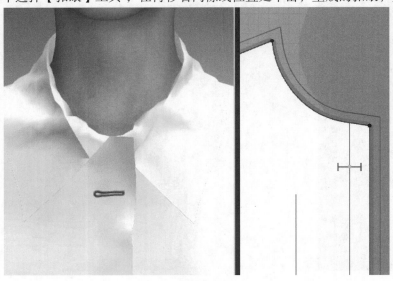

图5-2 放置扣眼

在3D服装窗口中选择【选择/移动纽扣】工具 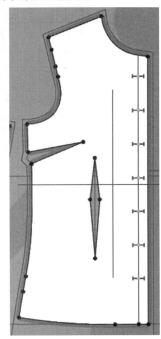，然后点击2D板片窗口中扣眼，右键选择"复制"或者按"Ctrl+C"复制该扣眼，按"Ctrl+V"，然后按住"Shift"键，鼠标沿着门襟线向下移动，在合适的位置单击鼠标右键，松开"Shift"键，在弹出的"粘贴"对话框中的"间距"栏输入"70"，"扣子/扣眼数量"栏输入扣眼的数量为"6"，点击【确认】按钮，生成的扣眼效果如图5-3所示。

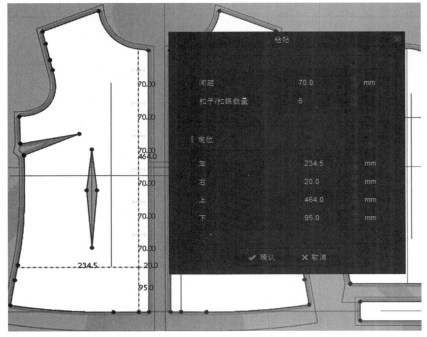

图5-3 安装扣眼

2.调整扣眼

观察3D服装窗口中衬衫上的扣眼发现，扣眼的方向不对，需要进行调整。继续使用【选择/移动纽扣】工具 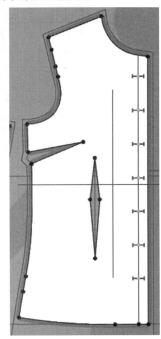，按住"Shift"键，依次点击选中所有的扣眼，然后在"属性窗口>角度"栏中输入角度"180°"，并按回车键。再次观察衬衫上的扣眼，扣眼方向转动了180°，如图5-4所示。

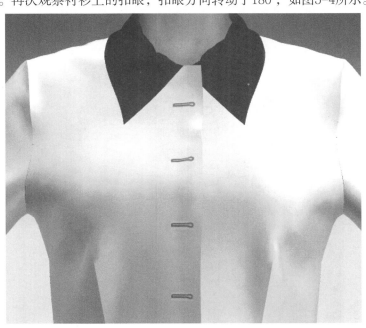

图5-4 调整扣眼方向

在物体窗口点击"扣眼"选项卡，点击"Default Buttonhole"扣眼类型。默认情况下，衬衫上的所有扣眼都属于该扣眼类型，因此所有扣眼轮廓变为红色。在"属性窗口>图形"栏中可以选择不同的扣眼形状，在"属性窗口>宽度"栏中将扣眼的宽度改为"15"，如图5-5所示。

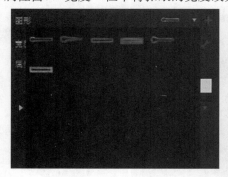
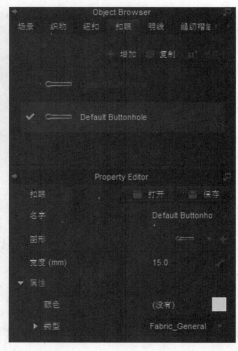

图5-5 修改扣眼属性

3.放置纽扣

在3D服装窗口点击【纽扣】工具 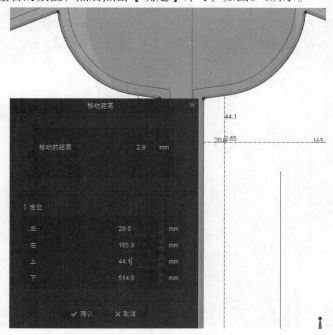，在2D板片窗口的左门襟线位置处点击左键放置第一个纽扣，如果需要设置纽扣上下左右到板片边缘的距离，则直接点击鼠标右键，弹出"移动距离"对话框，在"定位"框中输入上下左右的数值，然后点击【确定】即可，如图5-6所示。

图5-6 放置纽扣

146

选择【选择/移动纽扣】工具 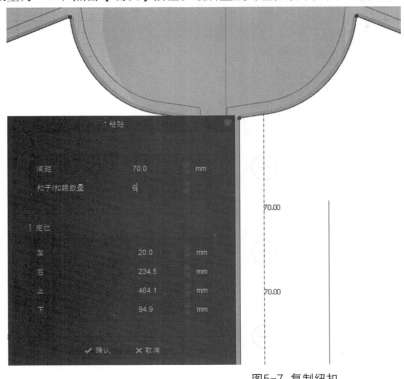，点击选中左门襟的纽扣，按"Ctrl+C"复制该纽扣，使用"Ctrl+V"粘贴出纽扣，然后按住"Shift"键，鼠标沿着门襟线向下移动，在合适的位置单击鼠标右键，松开"Shift"键，在弹出的"粘贴"对话框中的"间距"栏输入"70","扣子/扣眼数量"栏输入纽扣的数量为"6"，点击【确认】按钮。最后生成的纽扣效果如图5-7所示。

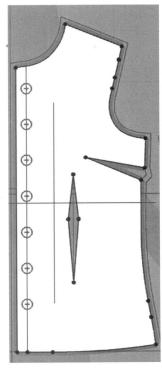

图5-7　复制纽扣

4.设置纽扣属性

在物体窗口点击"纽扣"选项卡，默认情况下，只有"Default Button"一种纽扣类型，点击此纽扣类型，则2D板片窗口中的所有纽扣轮廓都变为红色，说明所有纽扣都属于此纽扣类型。然后在"属性窗口>图形"栏中点击下拉按钮，可以选择不同的纽扣类型，如图5-8所示。

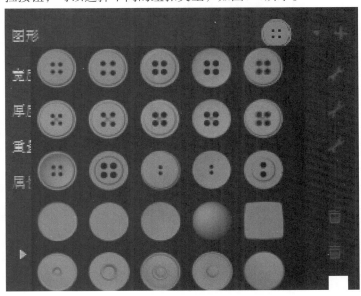

图5-8　选择纽扣形状

在"属性窗口>宽度"栏中可修改纽扣直径，现将宽度值改为"10"。然后在"属性窗口>厚度"栏中可修改纽扣的厚度，现将厚度改为"2"，如图5-9所示。

图5-9 修改纽扣宽度和厚度

在"属性窗口>属性>纹理"栏中选择本地贴图后可以修改纽扣的纹理，如图5-10所示。

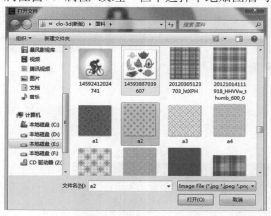

图5-10 设置纽扣纹理

在"属性窗口>属性>颜色"栏中可以修改纽扣的颜色，如图5-11所示。

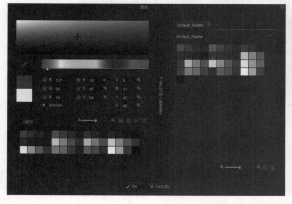

图5-11 设置纽扣颜色

148

在"属性窗口>属性>类型"栏中可以选择不同的纽扣材质，包括Fabric_General（常规）、Fabric_Shiny（发光）、Leather（皮革）、Metal（金属）和Plastic（塑料）五种。

三、系纽扣

在3D服装窗口点击【系纽扣】工具 ，此时衬衫变透明。在2D服装窗口中，使用鼠标左键点击左门襟线上的第一个纽扣，然后点击右门襟线上的第一个扣眼（即要和该纽扣系起来的扣眼），则3D服装窗口中的纽扣被系上。继续使用同样方法系其余的纽扣，打开【模拟】按钮进行模拟，稳定后关闭模拟，如图5-12所示。

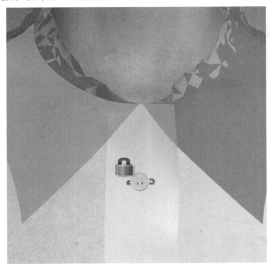

图5-12 系纽扣的效果

四、衬衫属性设置

1.修改领片属性

在物体窗口中点击"织物"选项卡，点选"增加"按钮增加新的织物类别，并重命名为"领子"。目前没有任何板片属于"领子"织物类别，点击2D板片窗口中的领片，在"属性窗口>织物>织物"栏中选择"领子"，使领片属于"领子"织物类别，如图5-13所示。也可以使用鼠标左键按住"领子"织物类别，拖动到2D板片窗口中的领子上，然后松开鼠标左键。

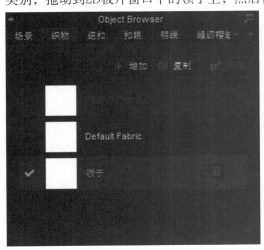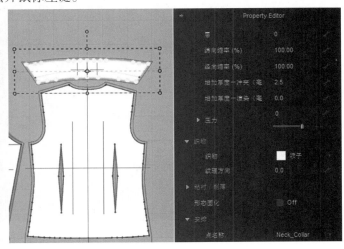

图5-13 增加"领子"织物

点击"物体窗口>织物>领子"，在"属性窗口>物理属性>预设"栏中选择"Trim_Full_Grain_Leather"，然后打开【模拟】，待模拟稳定后关闭【模拟】，领子的模拟效果如图5-14所示。

149

图5-14 设置领子属性后的效果

2.添加颜色

衬衫的颜色是通过物体窗口的织物类别设置的，点击"物体窗口>织物>Default Fabric"，则除领子之外的所有衣片的轮廓变成红色。点击"属性窗口>属性>颜色"栏中的色块，弹出"颜色"对话框，选择合适的颜色，如图5-15所示。

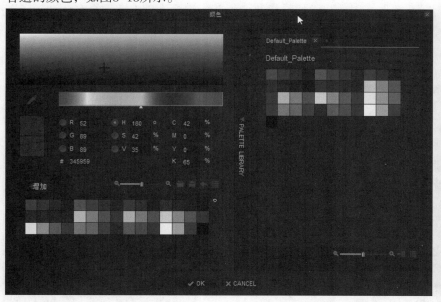
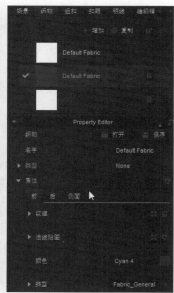

图5-15 衣身颜色设置

领子的颜色设置方法与上述衣身的颜色设置方法相同，首先点击"物体窗口>织物>领子"，则领子的轮廓变成红色。然后点击"属性窗口>属性>颜色"栏中的色块，弹出"颜色"对话框，选择合适的颜色，衬衫的颜色设置效果如图5-16所示。

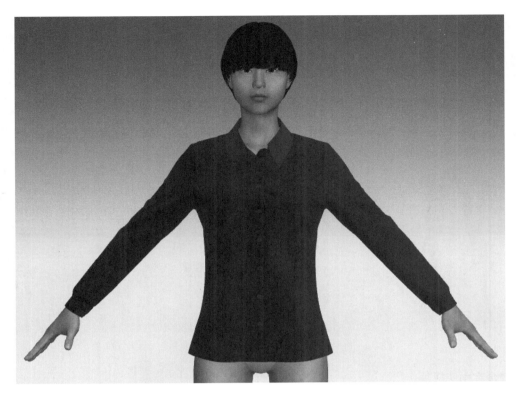

图5-16 颜色设置效果

3.虚拟试衣最终效果

在3D服装窗口中单击【模拟】工具，最终虚拟试衣效果如图5-17所示，再单击【模拟】工具结束虚拟试衣。

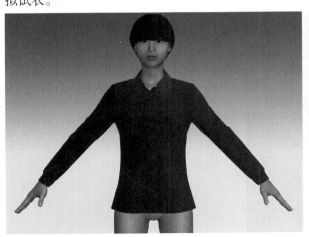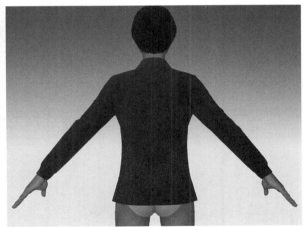

图5-17 最终虚拟试衣效果图

第二节 袖克夫

一、准备工作

本节以男衬衫为例讲解袖克夫的做法。在主菜单中选择"文件>打开>项目"，打开"男衬衫"文件，如图5-18所示。

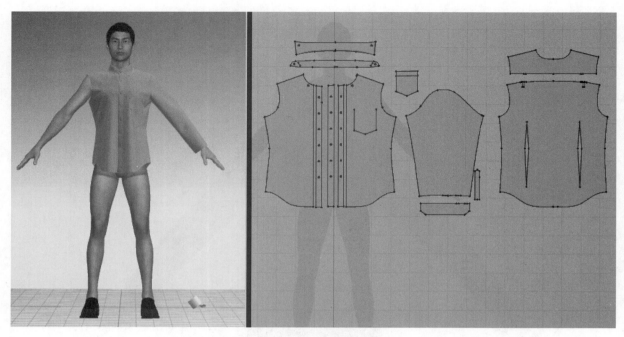

图5-18 打开文件

二、缝合宝剑头板片

1.制作宝剑头内部线

单击选中宝剑头板片，在板片上单击右键选择"克隆为内部图形"。移动鼠标，将克隆出的内部图形粘贴到袖片袖口部位，如图5-19所示。

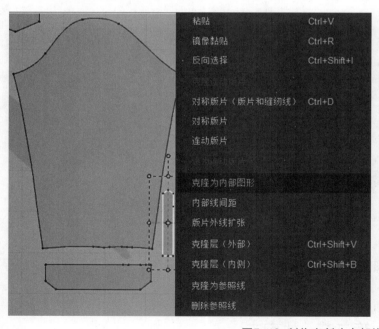
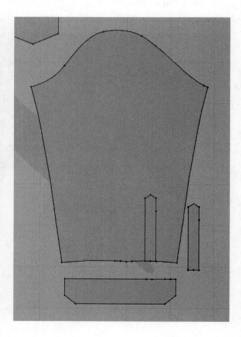

图5-19 制作宝剑头内部线

2.绘制内部线

选择【内部多边形/线】工具，在袖片宝剑头内部线上单击，确定起始点，按住"Shift"键水平绘制该内部线，双击选择另外一点位置，如图5-20所示。

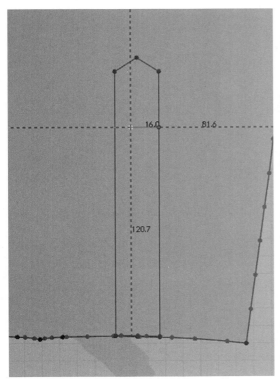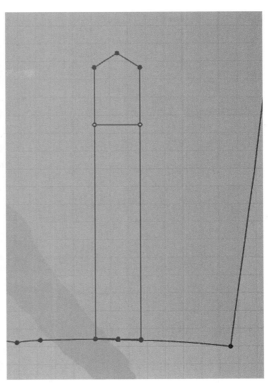

图5-20 绘制内部线

3.绘制宝剑头板片内部线

继续使用【内部多边形/线】工具，按照袖片上内部线位置为宝剑头片绘制内部线，如图5-21所示。

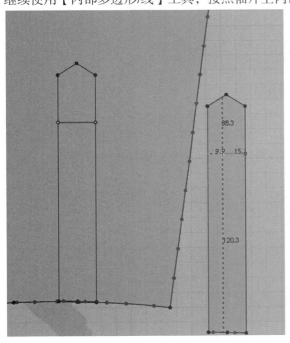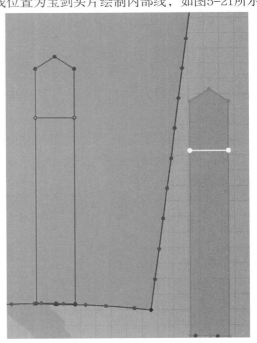

图5-21 绘制宝剑头片内部线

4.缝合宝剑头板片

选择【自由缝纫】工具，将宝剑头板片周边线与袖片上宝剑头内部线进行缝合。选择【线缝纫】工具，将宝剑头板片的内部线与其同样位置的袖片上内部线进行缝合，如图5-22所示。

153

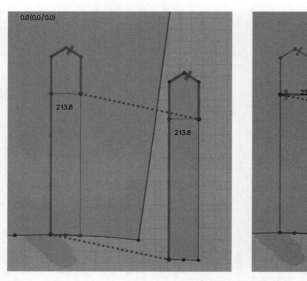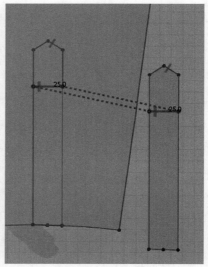

图5-22 缝合宝剑头板片

5.给袖口线加点

选择【加点/分线】工具，在袖口上当前点的左右两边各加一个点，如图5-23所示。

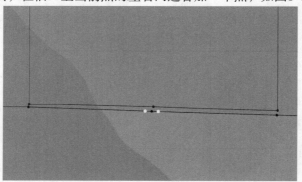

图5-23 给袖口线加点

6.做袖开衩

选择【编辑板片】工具，鼠标左键按住中间点向上进行拖拽，拖拽过程中按着"Shift"键，使其保持竖直向上，松开鼠标左键则形成袖开衩。滑动滚轮将板片放大，调整左右两边的拖拽调整，最后形成的袖开衩，如图5-24所示。

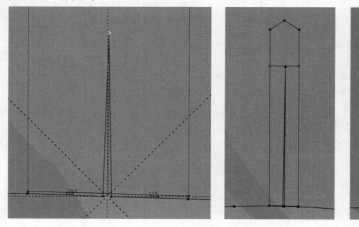

图5-24 做袖开衩

154

7.修改折叠角度

选择【编辑板片】工具，按着"Shift"单击图中内部线，在"属性窗口>折叠>折叠角度"栏里将其改为"0°"，如图5-25所示。

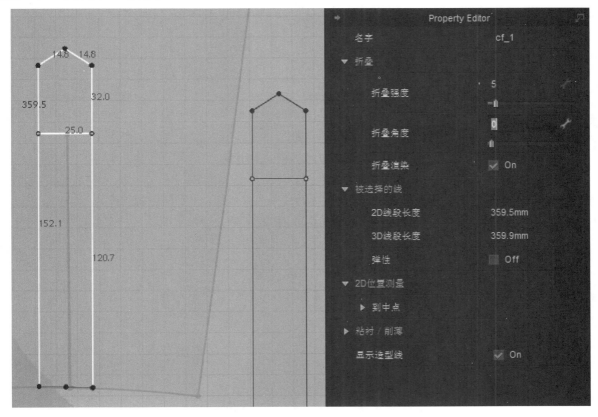

图5-25 修改折叠角度

8.虚拟试衣

在3D服装窗口中，用鼠标左键选中宝剑头板片进行拖拽，将其拖拽到袖口位置，然后旋转至无交叉缝合线，再单击【模拟】工具，试衣效果如图5-26所示，最后单击【模拟】工具结束虚拟试衣。

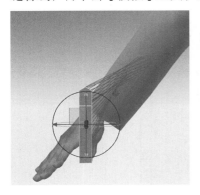 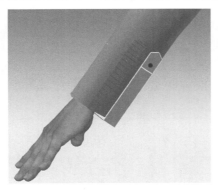 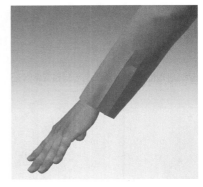

图5-26 虚拟试衣效果

三、缝合袖克夫

1.缝合宝剑头与袖克夫

选择【自由缝纫】工具，将宝剑头与袖克夫缝合，如图5-27所示。

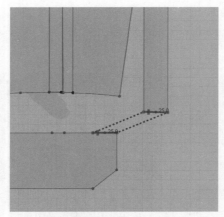
图5-27 缝合宝剑头与袖克夫

2.缝合袖开衩与宝剑头

用【自由缝纫】工具将袖开衩左边与宝剑头外边线所在位置缝合，如图5-28所示。

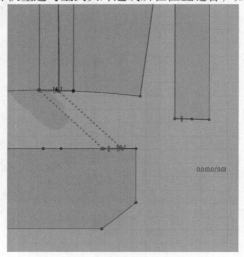
图5-28 缝合袖开衩与宝剑头

3.缝合袖口与袖克夫

选择【自由缝纫】工具，袖褶部位先不缝合，再将袖口与袖克夫对应位置一一缝合，如图5-29所示。

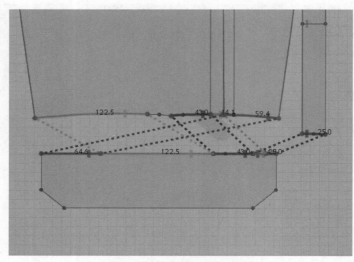
图5-29 缝合袖口与袖克夫

156

四、缝合袖褶

1.绘制内部线

选择【创造内部图形/线】工具，以褶所在外边点为起点，按着"Shift"键竖直向上画内部线，在"属性窗口>折叠>折叠角度"栏里将其改为"0°"。再以褶所在中间点为起点，按着"Shift"键竖直向上画内部线，在"属性窗口>折叠>折叠角度"栏里将其改为"360°"，如图5-30所示。

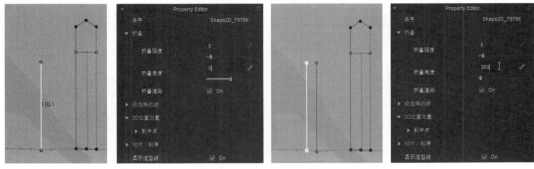

图5-30 绘制内部线

2.缝合褶

选择【自由缝纫】工具，将线段2和线段3反向缝合，再将线段1和线段2反向缝合，如图5-31所示。

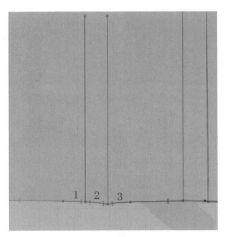

图5-31 缝合褶

3.虚拟试衣

3D服装窗口中，单击【显示安排点】工具，将袖克夫安排到手腕位置，再单击【显示安排点】工具隐藏安排点，然后单击【模拟】工具，虚拟试衣效果如图5-32所示，最后单击【模拟】工具结束虚拟试衣。

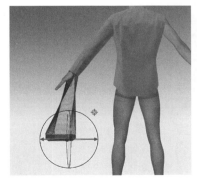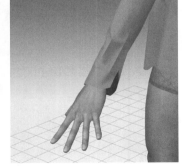

图5-32 虚拟试衣效果

五、缝合袖口

1.绘制袖片上的内部圆

选择【内部圆形】工具，在袖片上宝剑头内部线内创造一个内部圆，在需要的位置单击左键，然后在弹出的对框中输入圆的半径为"2mm"，则绘制的内部圆如图5-33所示。

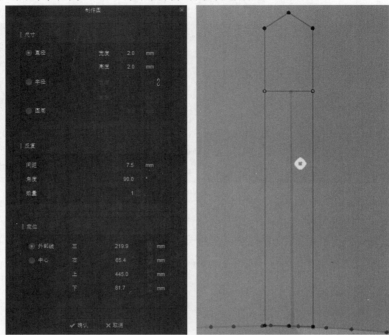

图5-33 绘制袖片上的内部圆

2.绘制宝剑头板片上的内部圆

选择【调整板片】工具，将宝剑头板片放置到与袖片上内部线同一水平的位置，再使用【调整板片】工具，点击宝剑头板片上的内部圆，按"Ctrl+C"复制该内部圆，按"Ctrl+V"后移动鼠标，同时按住"Shift"键，水平移动复制出的内部圆到宝剑头上且居中的位置，如图5-34所示。

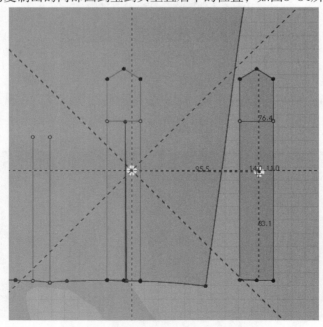

图5-34 绘制宝剑头板片上的内部圆

3.缝合内部圆

选择【自由缝纫】工具，缝合两个内部圆。然后在3D服装窗口单击【模拟】工具，效果如图5-35所示。

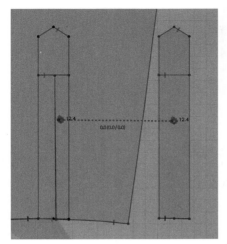

图5-35 缝合内部圆

4.固定袖克夫两侧

在【模拟】打开状态下，按"W"键的同时，按住鼠标左键进行拖拽，放开左键固定板片，如图5-36所示，最后单击【模拟】工具结束虚拟试衣。

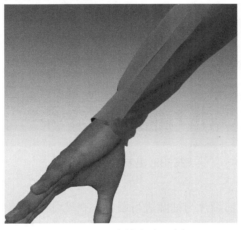

图5-36 固定袖克夫两侧

5.袖克夫上绘制内部圆

选择【内部圆形】工具，绘制半径为2mm的内部圆，选中该内部圆，进行复制，按住"Shift"键，水平移动到另一侧单击左键放置内部圆，如图5-37所示。

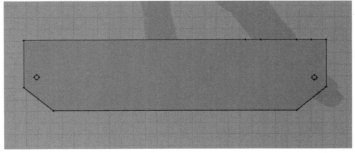

图5-37 袖克夫上绘制内部圆

6.缝合袖克夫两侧

选择【自由缝纫】工具，将内部圆缝合，再在3D服装窗口中单击【模拟】工具，虚拟试衣效果如图5-38所示，最后单击【模拟】工具结束虚拟试衣。

图5-38 虚拟试衣效果图

六、对称袖子

1.复制粘贴对称袖片

在2D板片窗口选择【调整板片】工具，按住鼠标左键框选所有袖片，然后点击鼠标右键选择【对称板片（板片和缝纫线）】，移动鼠标出现克隆出的板片，单击鼠标左键放置到前片左侧，如图5-39所示。

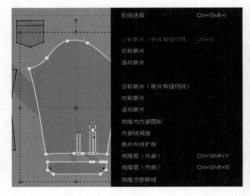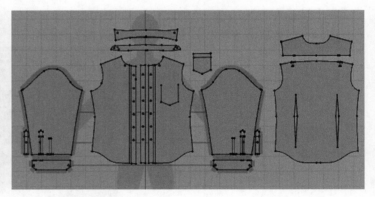

图5-39 复制粘贴对称袖片

2.缝合袖子

选择【自由缝纫】工具，将前后片与袖隆进行缝合，在3D服装窗口中移动袖子的位置放置于手臂周边，单击【模拟】工具，缝合袖子效果如图5-40所示，再单击【模拟】工具结束虚拟试衣。

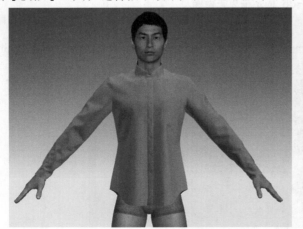

图5-40 缝合袖子效果图

160

七、添加面料

在"物体窗口>织物"中选择衬衫所属的织物类别，然后点击"属性窗口>物理属性>预设"栏，将面料预设为"Muslin_30s"，点击"属性窗口>属性>纹理"栏，添加面料。最后单击【模拟】工具，虚拟试衣效果图如图5-41所示，再单击【模拟】工具结束虚拟试衣。

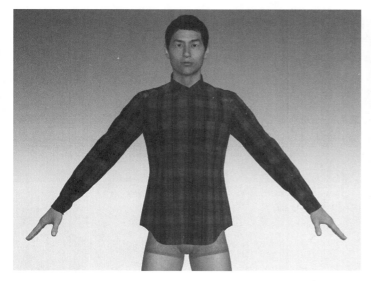

图5-41 最终虚拟试衣效果图

第三节 缝迹线

缝迹线又叫明线。服装上有很多地方需要缝迹线，比如运动服、牛仔裤上的缝迹线，羽绒服上的绗缝线等。在CLO3D系统中，可以实现几种常见的缝迹线效果。明线的主要功能按钮放置在2D板片窗口上方的工具栏中，如图5-42所示。

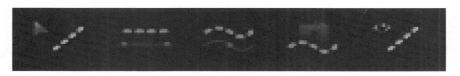

图5-42 明线工具栏

（1）编辑明线：修改已经添加的明线。

（2）线段明线：通过单击某条线段的方式，为这条线段添加明线。

（3）自由明线：可以为线段的某个区域添加明线。

（4）缝纫线明线：为缝合线的两条对应线添加明线。

（5）显示2D明线：显示或隐藏2D窗口中的明线。

下面以牛仔裤添加明线为例，介绍下明线功能的具体使用。

一、准备工作

主菜单中选择"文件>打开>项目"，打开"牛仔裤"文件，如图5-43所示。

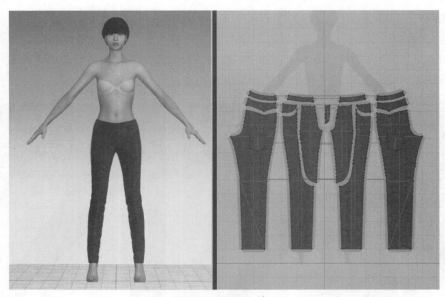

图5-43 打开文件

二、添加明线

1.为前片分割线加明线

选择【自由明线】工具，用法与【自由缝纫】工具相同。在右前片上，先单击一个点，再单击另外一点确定要加明线的线段，由于板片的连动关系，左前片也同时被加上了明线。在"物体窗口>明线"下拉菜单中选择"Default Topstitch"明线类别，再次单击，将其重命名为"双明线"。之后在"属性窗口>属性>预设"栏中选择"Custom"选项，另外还有"Single（单线）""Zigzag（Z字型）"等多种线迹类型。"属性窗口>属性>预设>间距"表示明线和板片边缘之间的距离，选择自定义形式"N/A"，然后点击打开"间距"左边的下拉三角，将下方的"（mm）"栏的数值改为"1"。"属性窗口>属性>预设>长度"表示线迹的针脚长度，数值越小，针脚越长，现在改为"SPI-10"。"属性窗口>属性>预设>线的粗细"表示线迹的粗细，现将该值修改为"80"，之后将"属性窗口>属性>预设>线的数量"改为"2"；将"属性窗口>属性>预设>线的数量>距离"栏的数值改为"5"，如图5-44所示。

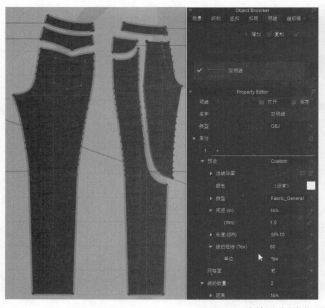

图5-44 前片分割线加明线

2.为门襟添加明线

选择【自由明线】工具，给前门襟、月牙片加明线。此时的明线会默认为"Default Topstitch"明线类型，因此无需再次设置明线属性。由于板片的连动关系，右前片月牙处也自动加了明线，因此需要解除左右前片月牙片的连动关系，再删除右前片月牙处的明线，如图5-45(a)所示。前门襟加明线效果如图5-45(b)所示。

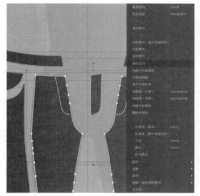

图5-45(a) 前门襟加明线

图5-45(b) 前门襟加明线效果

3.前袋口加明线

选择【线段明线】工具，直接单击袋口线位置，在袋口处加明线，如图5-46所示。

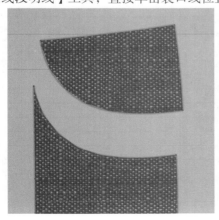

图5-46 前袋口加明线

163

4.给前腰头加明线

选择【自由明线】工具，与【自由缝纫】工具用法相同，选择除腰头侧缝之外的周边线添加双明线，如图5-47所示。

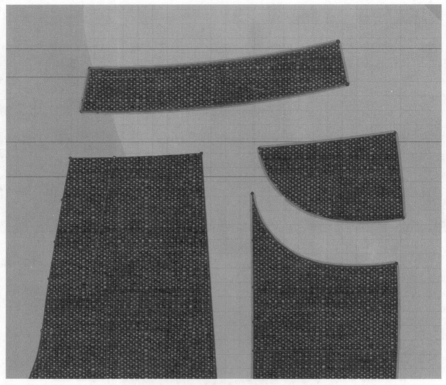

图5-47 前腰头加双明线

由于腰头侧缝要添加单明线，因此需要在"物体窗口>明线"下点击【增加】按钮添加新的明线类型，并命名为"单明线"。选中"单明线"，在"属性窗口>属性>预设"中，将"间距"改为"1.0mm"，"长度"改为"SPI-10"，"线的粗细"改为"80"，"线的数量"为"1"。然后选中"单明线"明线类型的前提下，在2D板片窗口中选择【自由明线】工具，在腰头侧缝处添加单明线，如图5-48所示。

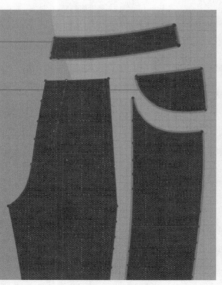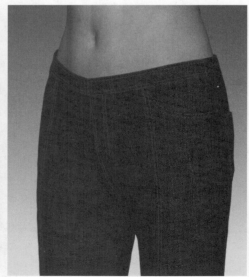

图5-48 前腰头侧缝加单明线

5.为后片添加明线

选择【自由明线】工具，给后片侧缝、后中、约克及后腰头添加明线，如图5-49所示。

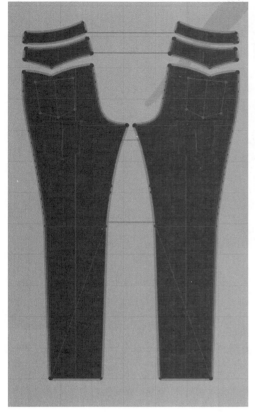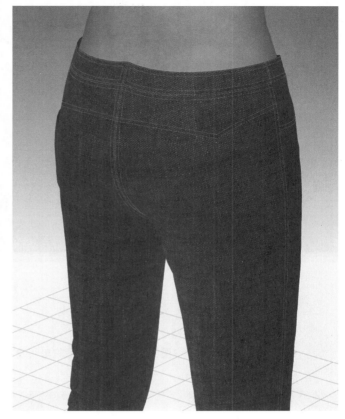

图5-49 给后片加明线

6.给后袋加明线

在选中"双明线"明线类别的情况下，选择【自由明线】工具，在后袋板片上的一点双击，可以对后袋板片的一圈添加明线，如图5-50所示。

图5-50 给后袋加明线

7.绘制后袋内部线并加明线

选择【内部多边形/线】工具，绘制内部线。在"物体窗口>明线"中增加新的明线类型"后袋单明线"。然后选中"后袋单明线"，在"属性窗口>属性>预设"中，根据设计需要将明线的颜色改为浅粉色。点击打开"间距"左侧的下拉三角按钮，在弹出的栏中输入"0"，从而使明线在后袋内部线上。在"长度"栏选择"SPI-10"，"线的粗细"栏中输入"100"，其余属性保持不变，如图5-51(a)所示。选择【线段明线】工具给内部线添加明线，如图5-51(b)所示。

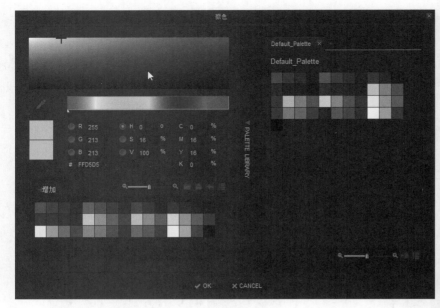
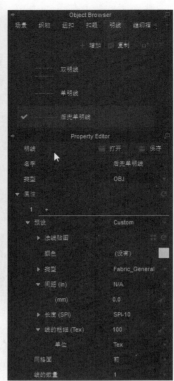

图5-51(a) 添加"后袋单明线"明线类别并设置属性

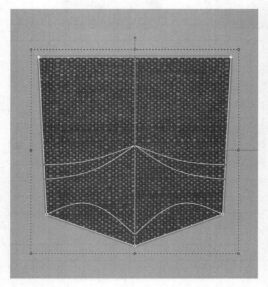
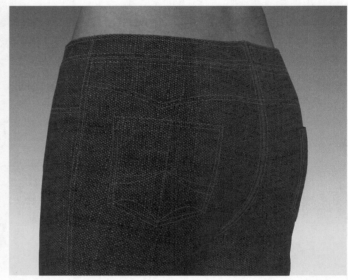

图5-51(b) 给后袋内部线添加明线

8.给裤脚加明线

裤脚处的明线应为单明线，且明线与裤边的距离为"10mm"，因此需要在"物体窗口>明线"中增加新的明线类别，并命名为"裤脚单明线"。在"属性窗口>属性>预设"中设置明线的属性。点击打开"间距"左侧的下拉三角按钮，在弹出的栏中输入"10"。"长度"栏选择"SPI-10"，"线的粗细"栏中输入"80"，其余属性保持不变。选择【线段明线】工具给裤脚添加明线，如图5-52所示。

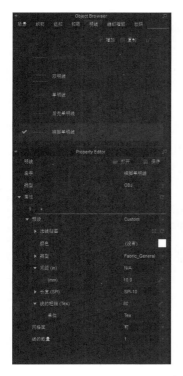

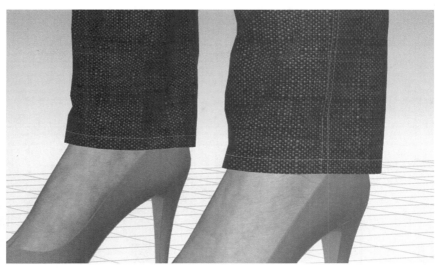

图5-52 给裤脚添加明线

三、虚拟试衣

将牛仔裤所有板片添加好明线后，打开【模拟】工具，稳定后关闭【模拟】，最终模拟效果如图5-53所示。

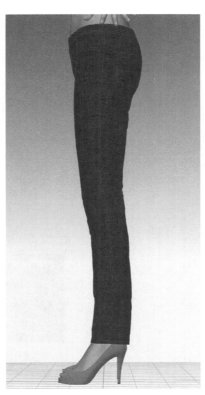

图5-53 最终虚拟试衣效果图

第四节　棒球帽

一、准备工作

主菜单中选择"文件>导入>DXF（AAMA/ASTM）"，导入棒球帽的DXF文件。在2D板片窗口中，【调整板片】工具选中所有板片，按住鼠标左键拖动，将其移动至虚拟模特头部位置，如图5-54所示。

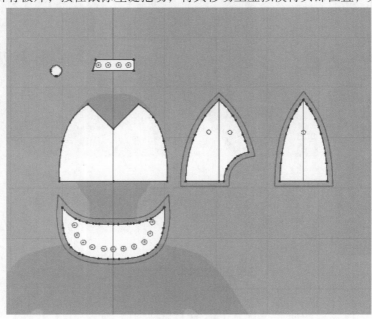

图5-54　打开文件

二、勾勒出内部图形

1.绘制内部圆

选择【勾勒轮廓】工具，点击已选中板片中的内部圆，然后点击鼠标右键选择"勾勒为内部图形"，如图5-55所示。

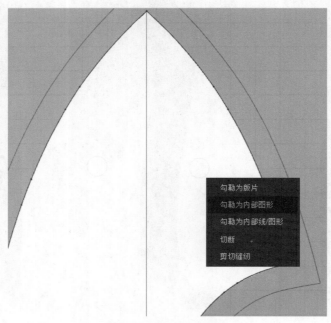

图5-55　勾勒出内部圆

2.转换为洞

选择【传输板片】工具，选中内部圆，右键选择"转换为洞"，如图5-56所示。

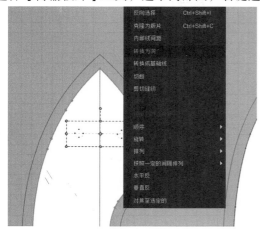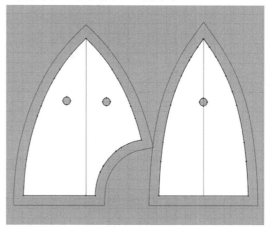

图5-56 转换为洞

3.对称板片

使用【调整板片】工具，点击选中要对称的板片，右键选择"对称板片（板片和缝纫线）"，移动鼠标将制作出的对称板片放在一旁，如图5-57所示。

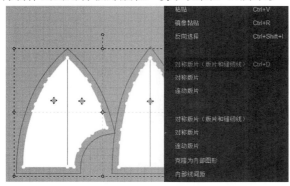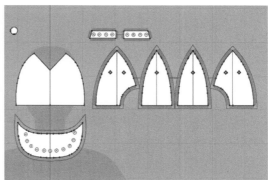

图5-57 对称板片

三、缝合

1.缝合帽子板片

选择【线缝纫】工具，将帽前中片上的开口缝合。然后使用【自由缝纫】工具，将帽子的各个板片依次缝合，如图5-58所示。

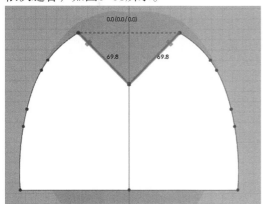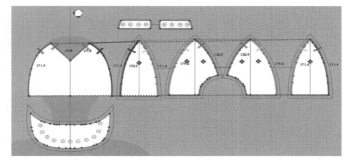

图5-58 缝合

169

2.缝合帽檐

继续使用【自由缝纫】工具，将帽檐与帽身缝合，如图5-59所示。

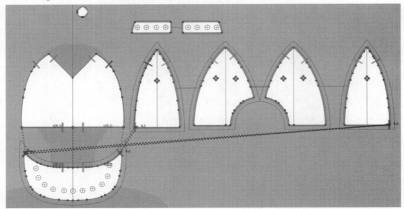

图5-59 缝合帽檐

3.缝合帽后襻

选择【自由缝纫】工具将后襻和帽身进行缝合，如图5-60所示。

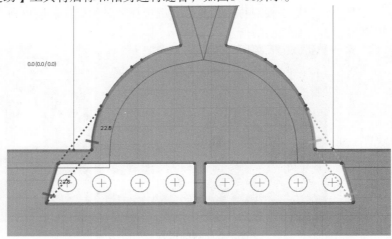

图5-60 缝合帽后襻

四、虚拟试衣

1.重设2D安排位置

在3D服装窗口中，按"Ctrl+A"全选所有板片，右键选择"重设2D安排位置（选择的）"，使得3D服装窗口与2D板片窗口中的板片位置对应，如图5-61所示。

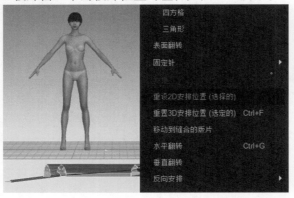
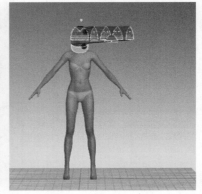

图5-61 重设2D安排位置

2.安排板片

在3D服装窗口中，打开安排点。将帽子板片安排到虚拟模特头部的周围，若出现不能通过安排点确定板片位置的情况，可以通过定位球进行调整。帽顶扣先进行冷冻，待帽身模拟完成后再解冻并缝合帽顶扣，如图5-62所示。

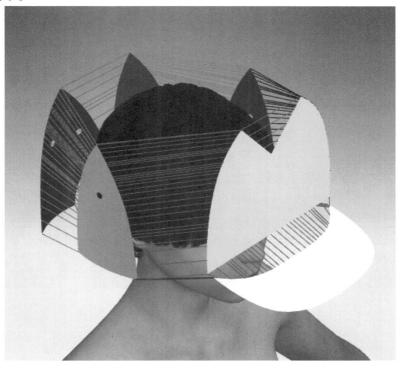

图5-62 安排帽身板片

3.模拟

点击【模拟】按钮，进行模拟。在模拟状态下，使用鼠标左键拖拽调整帽子，将帽子调正，模拟效果如图5-63所示。

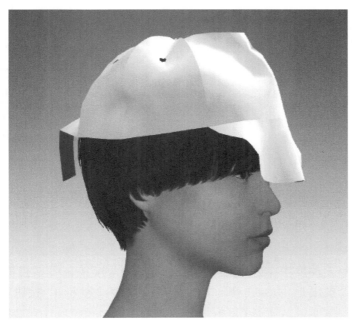

图5-63 初始模拟效果

五、细节调整

1.调整属性

在"物体窗口"织物栏中点击"增加"按钮，将新增的织物类别重命名为"帽身"。将"帽身"织物类别拖动到除帽后襻之外的所有板片上。然后点击"物体窗口>织物>帽身"，此时帽身、帽檐和帽顶扣板片的外轮廓变成红色。最后在"属性窗口>属性>物理属性>预设"栏中选择"Trim_Full_Grain_Leather"，将帽身、帽檐和帽顶扣设置为硬挺材质。

在2D板片窗口中，选择【编辑缝纫线】工具，然后选中帽檐与帽身接缝位置的缝合线，在"属性窗口>缝纫线类型>折叠角度"栏中，将折叠角度设置为"270°"，其余缝纫线的折叠角度设置为"210°"。再次进行模拟，如图5-64所示。

图5-64 调整缝纫线折叠角度

2.闭合帽后襻

使用【内部圆形】工具，在帽后襻的定位点上画出4个直径为"5mm"的内部圆，然后使用【自由缝纫】工具将对应内部圆缝合并模拟，如图5-65所示。

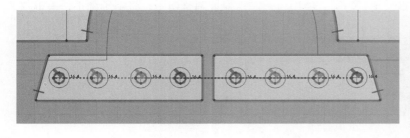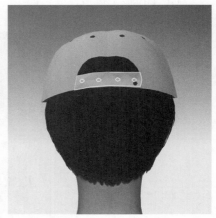

图5-65 缝合帽后襻

3.设置渲染厚度

由于帽子需要具有一定厚度才能达到较真实的模拟效果，因此在3D服装窗口左上角的快捷工具栏中，将鼠标悬停在第三个按钮上，并点击弹出按钮组中的"浓密纹理表面"按钮。此时帽子具有一定的厚度，但是厚度仍未达到要求，需选中全部板片，在"属性窗口>模拟属性>增加厚度-渲染（mm）"栏中将数据设置为"3"，如图5-66所示。

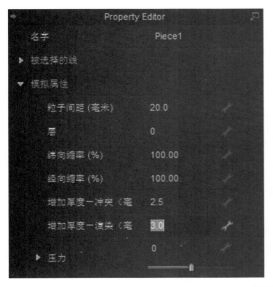
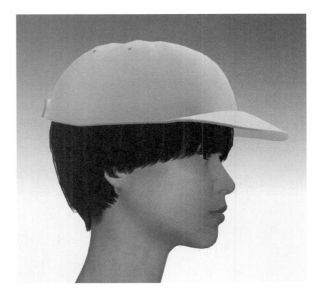

图5-66 设置渲染厚度

4.缝合帽顶扣

在3D服装窗口中，将帽顶扣解冻，由于帽顶扣为直径较小的圆形，其外轮廓棱角会比较明显，需要选中帽顶扣，在属性窗口中将粒子间距设置为"5"。在2D板片窗口中选择【内部多边形/线】工具，在帽顶扣板片内部画出"十字形"内部线。并使用【自由缝纫】工具将帽顶扣与帽身缝合，如图5-67所示。

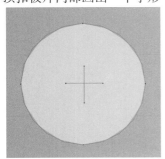
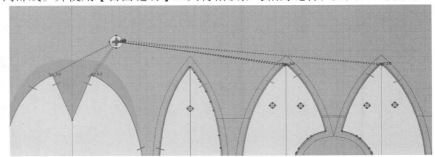

图5-67 缝合帽顶扣

为防止帽顶扣模拟过程中帽身脱离虚拟模特头部，在模拟之前先将除帽顶扣之外的所有板片冷冻，然后打开【模拟】按钮，模拟稳定后，关闭模拟，解冻帽身，如图5-68所示。

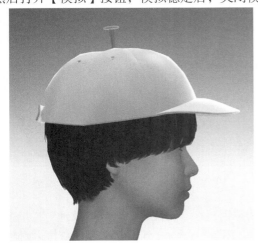
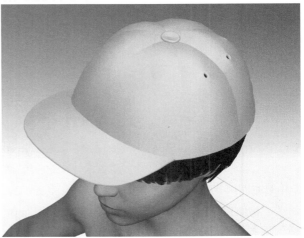

图5-68 模拟帽顶扣

5.添加铆钉

在3D服装窗口中，选择【纽扣】按钮，然后在"物体窗口>纽扣"栏中，将纽扣类别命名为"铆钉"。点击选中"铆钉"纽扣类别，在对应的"属性窗口>图形"中选择铆钉形状的纽扣，并将"属性窗口>宽度（mm）"设置为"7"，最后在"属性窗口>属性>类型"栏中，选择"Metal"，即金属材质，如图5-69所示。

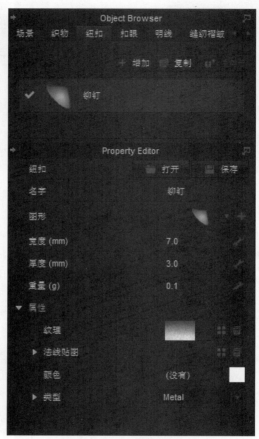

图5-69 设置铆钉属性

在2D板片窗口中，使用【纽扣】工具在帽檐板片，以及帽后祥板片上的定位点上点击添加铆钉，如图5-70所示。

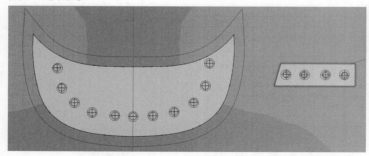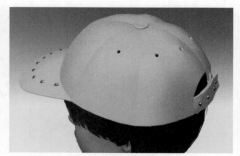

图5-70 添加铆钉

6.填充面料

在"物体窗口>织物"中单击选中"Default Fabric"织物类别，在"属性窗口>属性>纹理"栏里选择合适的面料进行填充。再在"物体窗口>织物"中单击选中"帽身"织物类别，在"属性窗口>属性>纹理"栏里选择同样的面料进行填充，并在2D板片窗口中选择【编辑纹理】工具调整板片中纹理的大小，面料填充效果如图5-71所示。

174

图5-71 面料填充效果

7.贴图

在2D板片窗口中，选择【贴图（2D板片）】工具，在需要贴图的板片上点击鼠标左键，弹出打开文件对话框，选择贴图图片，并使用【调整贴图】工具调整贴图的大小，如图5-72所示。

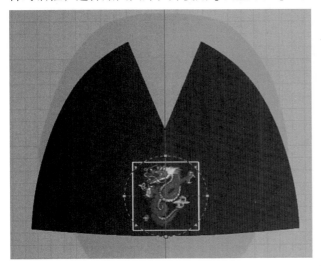
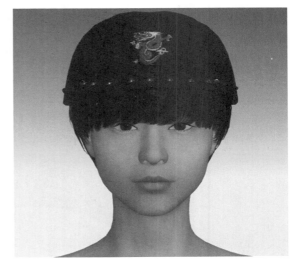

图5-72 贴图效果

8.调整粒子间距

将除帽顶扣之外的板片选中后，在"属性窗口>模拟属性>粒子间距（毫米）"栏中将粒子间距改为"10"，最终模拟效果如图5-73所示。

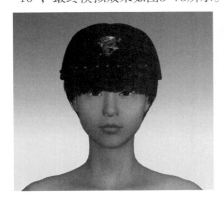
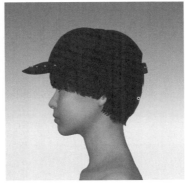
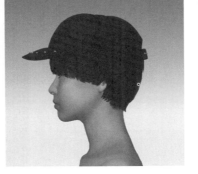

图5-73 最终模拟效果图

第五节　背包

一、准备工作

主菜单中选择"文件>导入>DXF（AAMA/ASTM）"，导入背包的DXF文件。在2D板片窗口中，选择【调整板片】工具移动板片到合适位置，如图5-74所示。

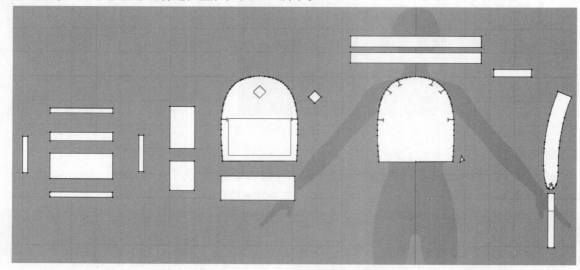

图5-74　打开文件

二、勾勒出内部图形

1.绘制内部圆

选择【勾勒轮廓】工具点击选中板片中的内部图形，点击鼠标右键选择"勾勒为内部图形"，如图5-75所示。

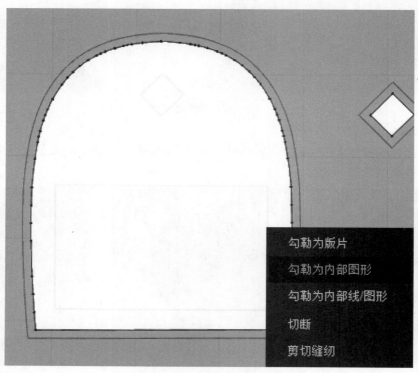

图5-75　勾勒出内部图形

176

2.对称板片

选择【传输板片】工具选中要对称的板片，右键选择克隆栏中的"对称板片（板片和缝纫线）"，如图5-76所示。

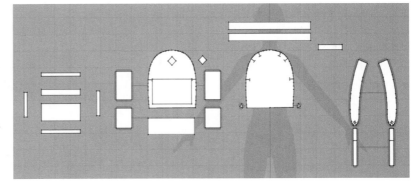

图5-76 对称板片

三、缝合

1.缝合肩带

选择【自由缝纫】工具，根据对位点，将三角板片与背包后片缝合，然后将上部的宽背带与下部的窄背带缝合，最后将背带与背包后片缝合。这里注意宽背带是与窄背带的内部线缝合的，且要把窄背带内部线的折叠角度设置为"360°"，如图5-77所示。

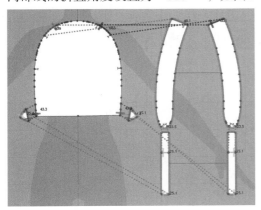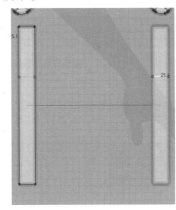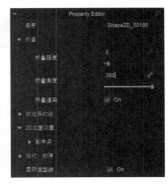

图5-77 缝合肩带

2.缝合包身

继续使用【自由缝纫】工具，缝合背包顶部板片与左右的侧面板片，然后使用【线缝纫】工具将左右侧面板片与底部板片缝合，最后将所有侧面板片与包身后片缝合，如图5-78所示。

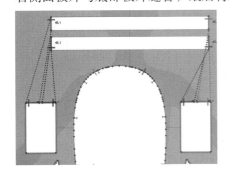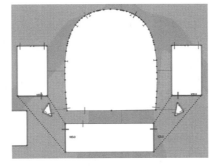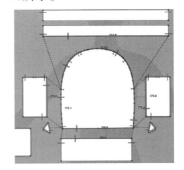

图5-78 缝合侧面板片

177

选择【自由缝纫】工具将前片与包身进行缝合，如图5-79所示。

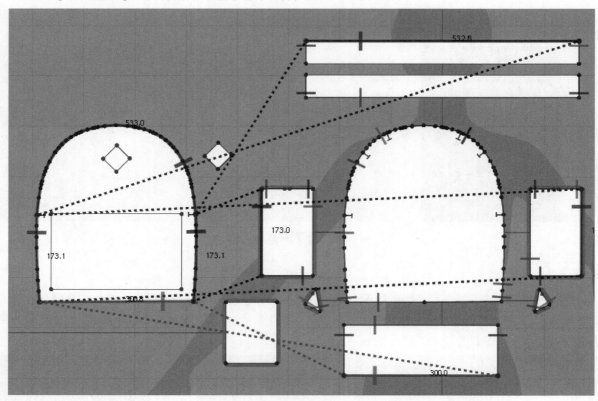

图5-79 缝合前片

3.缝合前口袋

前口袋具有一定厚度，需要先将表现口袋厚度的侧面板片缝合到包身上，使用【线缝纫】工具完成缝合，如图5-80所示。

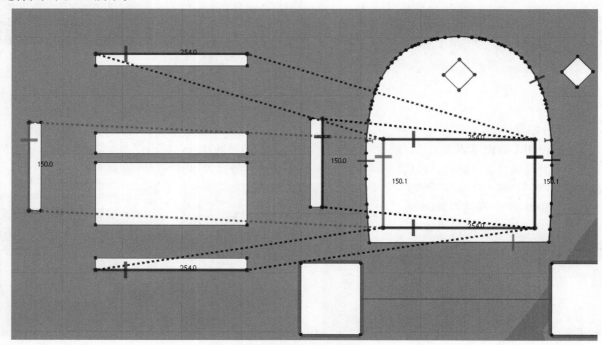

图5-80 缝合前口袋侧面板片

使用【线缝纫】工具将前口袋板片与侧面上下板片缝合。然后使用【自由缝纫】工具将前口袋板片与侧面左右板片缝合，注意缝合时要分段缝合，留出绱拉链的位置。最后将四个侧面板片连接处缝合，如图5-81所示。

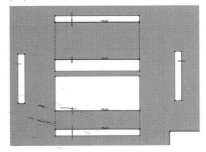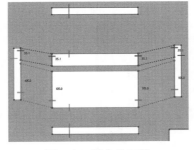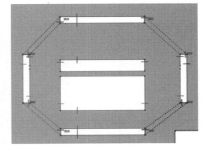

图5-81 缝合前口袋

4.缝合侧面口袋

选择【自由缝纫】工具将侧面口袋与包身的侧面缝合，如图5-82所示。

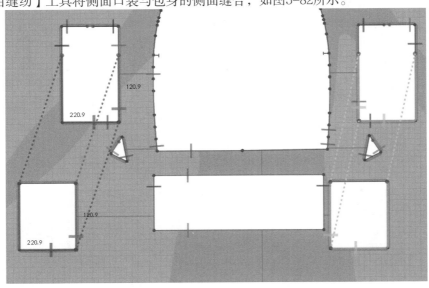

图5-82 缝合侧面口袋

5.缝合背包手提绳和装饰牌

继续使用【自由缝纫】工具将手提绳和装饰牌缝合到包身上，如图5-83所示。

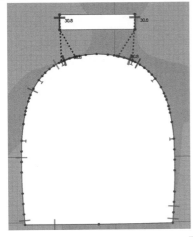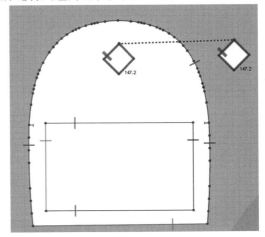

图5-83 缝合手提绳

179

四、虚拟试衣

1.重设2D安排位置

在3D服装窗口中，按"Ctrl+A"全选所有板片，右键选择"重设2D安排位置（选择的）"，使得3D服装窗口与2D板片窗口中的板片位置对应，如图5-84所示。

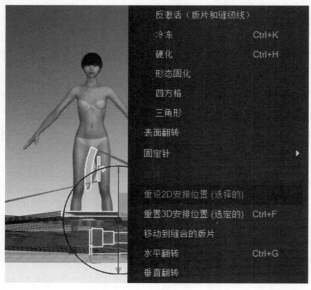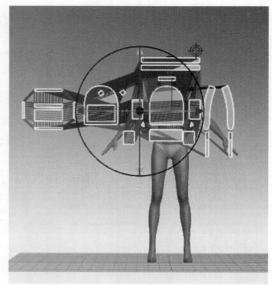

图5-84 重设2D安排位置

2.安排板片

在3D服装窗口中，将背包板片安排到虚拟模特背部的合适位置，并通过定位球调整板片的角度，如图5-85所示。

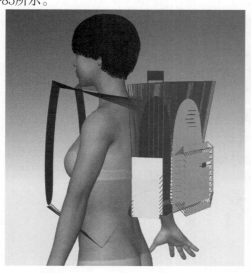

图5-85 安排背包板片

3.设置面料预设

点击选择"物体窗口>织物>Default Fabric"，此时2D板片窗口中的所有板片轮廓为红色。在"属性窗口>物理属性>预设"栏中选择"Trim_Full_Grain_Leather"，使模拟后背包的材质变得硬挺。

4.模拟

点击【模拟】按钮，进行模拟，在模拟状态下，使用鼠标左键拖拽调整肩带，使肩带平整服帖于手臂，模拟效果如图5-86所示。

图5-86 初始模拟效果

5.绱拉链

在3D服装窗口中，选择【拉链】工具，先单击背包开口的左侧，沿着开口线向右侧移动鼠标，鼠标经过的位置变成蓝色线，鼠标到达右侧拉链止点时双击左键断开。继续使用鼠标左键单击左侧开口的另一条边线，沿着开口线向右侧移动鼠标到达右侧拉链止点时双击左键结束，如图5-87所示。（前口袋的拉链绱法相同。）

图5-87 绱拉链

181

打开【模拟】按钮，模拟效果如图5-88所示。

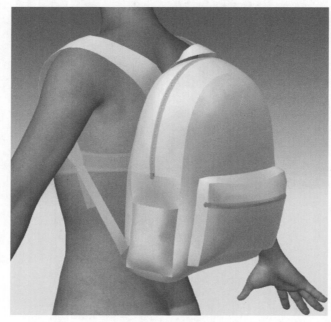

图5-88 背包模拟效果

6.填充颜色

在"物体窗口>织物"中，添加新的织物类别，并重命名为"装饰牌"。鼠标左键点击选中"装饰牌"织物类别，拖动到2D板片窗口中的装饰牌板片上。再次点击"装饰牌"织物类别，在"属性窗口>属性>颜色"栏中将装饰牌颜色设置为"深绿色"。在"物体窗口>织物"中点击"Default Fabric"织物类别，在对应的"属性窗口>属性>颜色"栏中将包身颜色设置为"浅绿色"，如图5-89所示。

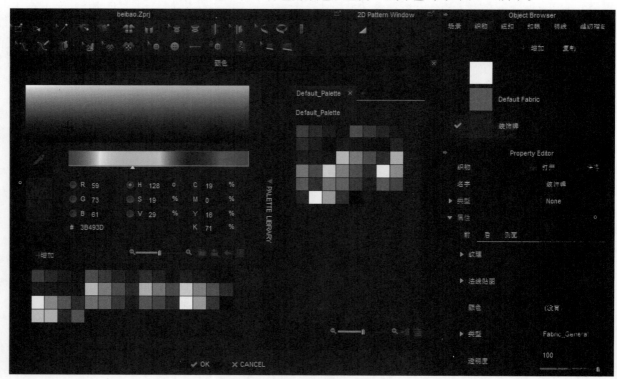

图5-89 填充颜色

7.最终模拟效果

经过颜色填充后的背包效果如图5-90所示。

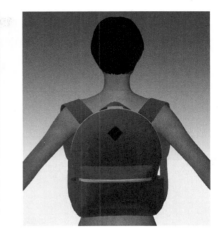

图5-90 最终模拟效果图

参考文献

[1] 钱惠琳，吴嘉云，张鸿志.服装虚拟设计的现状与发展[J].天津工业大学学报,2002,21(5):92-96.

[2] 夏平，孟凡鹃，姚进.三维服装CAD技术研究综述[J].成都纺织高等专科学校学报,2005,22(2):11-14.

[3] 郭瑞良，张辉.服装CAD[M].上海:上海交通大学出版社,2011.

（请扫描以下二维码，观看相关内容视频）

女衬衫视频（上）

女衬衫视频（下）

男西裤视频

三角形上衣视频

分割线设计女上衣视频